Application of Nail Art

응용네일아트

이시윤, 이미춘, 김은영, 김나영 공저

光文閣
www.kwangmoonkag.co.kr

머리말

미를 표현하는 것은 인간의 본능이다. 삶의 질이 높아지고 아름다움을 추구하는 욕망이 커질수록 자신을 표현할 수 있는 개성적인 표현을 요구한다. 개성 있는 외모와 신체의 아름다움을 표현하는 토털 패션은 완성의 마무리는 네일아트이고 타인과 차별화하기 위해 자기만의 개성을 강조하는 다양한 네일 서비스의 독창성과 예술성을 요구할 것이다.

네일아트는 1980년대에 들어와서 외국인 고객을 대상으로 이태원과 압구정동을 기점으로 귀부인층, 연예인, 특정 계층이 고객이었으나 유명 연예인과 CF로 매스컴이 촉매제 역할을 하면서 활성화되었다. 현재는 일반층으로 급속히 발전하여 보편화하여 정착되어가는 생활문화산업으로 부가가치를 창출하는 분야로 자리 잡고 있다. 네일(손톱, 발톱)도 헤어, 피부에 이어 국가자격증이 2014년 7월 1일부터시행되었다. 국가자격증을 취득하면 네일숍, 백화점, 숍인숍, 네일코디네이터, 교육기관, 외국 진출, 제품회사 등 많은 분야에 진출이 가능하다.

체계적 기초 이론과 실기를 습득 후 전문 인력 양성을 위한 더욱 체계적인 응용 네일아트 교재가 필요함을 인식하여 본 교재에서는 보다 전문 교육을 필요로 하는 내용으로 구성되었다.

본 교재는 제1장에서 네일아트에 필요한 색채학과 피부색에 따른 어울리는 네일 컬러가 어떤 것인가, 제2장에서는 디자인의 의미, 목적, 디자인의 구성 원리를 익혀 구도를 활용하여 네일 디자인 방법을 제시하였고, 3장부터는 실기 습득을 위한 컬러아트, 네일페인팅, 포크아트, 아크릴릭아트, 젤아트, 에어브러시, 3D Art, Mix Media에

대한 각 단원마다 시술 과정, 스탭 바이 스탭, 응용작품, Mini Gallery로 구성하여 네일아트 작품 사진을 많이 수록하여 쉽게 알 수 있도록 하였다. 또한, 수록한 연습문제와 포트폴리오 패턴으로 창의적 디자인을 할 수 있도록 하였고, 마지막으로 네일 갤러리에 많은 작품을 넣어 참고할 수 있도록 하였다.

최선을 다하여 책을 정리하였지만, 부족함이 보이는 듯이 아쉬움이 남는다. 앞으로 더욱 연구하여 보충해 나갈 것을 약속한다. 미흡하나마 네일아티스트 전문가를 꿈꾸는 분들에게 지침서가 되기를 바란다. 출판되기까지 여러모로 도움을 주신 출판사 사장님을 비롯하여 관계자 분들과 작업에 함께 참여하신 교수님들께 감사를 전한다.

저자 일동

목차

7. 젤 아트

8. 에어브러시 아트

9. 3D Art

10. 믹스 미디어 아트

11. 기타 아트

12. Nail Art Gallery

Application of Nail Art

01. 색채학

색이란 다양한 파장의 빛이 눈에 들어옴으로써 생기는 감각의 하나이고, 색채란 빛을 받아 반사된 물체의 색을 말한다. 이러한 색채를 이용해 감정을 표현하거나 의사소통을 하고, 자신을 아름답게 표현할 수 있다.

사람들의 얼굴색이 다르듯 자신에게 맞는 색(color)을 가지고 있다. 자신에게 맞는 색은 어떤 특정한 색이 어울린다는 것이 아니며, 개인 피부색에 따라서 어울리는 색이 있다. 이렇게 자신에게 어울리는 색의 계열과 색상별 이미지를 고려해 메이크업과 의상의 컬러에 맞추어 네일 시술을 하게 된다면, 한결 더 아름답고 센스 있게 보일 수 있다.

1. 색의 분류

1) 유채색(chromatic color)

유채색(有彩色)은 색의 3요소인 색상, 명도, 채도를 가진 색으로 흰색, 회색, 검정을 제외한 모든 색이다. 순색, 청색(명청색=순색+흰색, 암청색=순색+검정), 탁색(순색+회색, 청색+회색)으로 구분되며, 유채색은 컬러사진을 연상하면 된다.

2) 무채색(achromatic color)

무채색(無彩色)은 밝고 어둠의 명도만 있는 색으로 흰색, 회색, 검정으로만 된 흑백사진을 연상하면 된다.

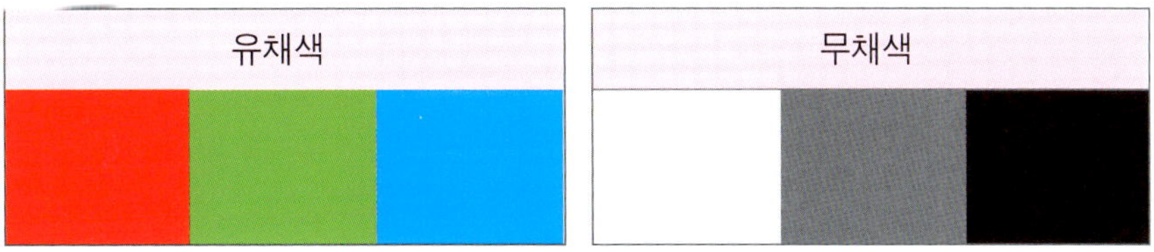

2. 색의 3속성

1) 색상(Hue)

기본적인 색의 차이이며 빛의 파장이 길고 짧음의 차이며 적색, 녹색 청색에서 적색에 이르는 끝없는 색상환으로 표현하며 색의 감정에 있어 온도감을 느끼게 한다.

구 분	색 상	이미지
난색계(Warm color)	빨강, 주황, 노랑	따뜻함, 밝은 느낌, 활동적(불, 태양)
한색계(Cool color)	청록, 파랑, 청자	차가움, 시원함, 조용함(물, 바다)
중성색(Neutral color)	연두, 녹색, 자주, 보라	따뜻함과 차가움의 느낌이 없음

2) 명도(Lightness, Value)

색의 밝고 어두운 정도를 나타내며, 검정(0)에서 흰색(10단계)까지 11단계로 나눈다. 고명도인 밝은색은 가벼운 느낌을 주고, 저명도인 어두운색은 무거운 느낌을 준다. 색의 감정에 있어 무게감을 느낄 수 있다.

구분	색상	이미지
고명도	흰색, 노랑, 연두	밝고 경쾌함, 순결, 선명함, 가벼움
중명도	녹색, 연두, 자주	침착, 평온, 온화
저명도	빨강, 파랑, 보라, 검정	무거움, 어두움, 침착함

3) 채도(Chroma, Saturation)

색의 탁하고 선명한 정도를 나타내는 척도이며 색 파장이 얼마나 강하고 약한가를 느끼는 것이 채도이다. 채도는 무채색이 섞인 정도에 따라 1~14까지로 구분되며 한색 중 채도가 가장 높은 색을 순색이라 하고, 유채색에 무채색을 섞을수록 채도가 낮아진다. 채도가 낮을수록 회색(Gray)에 가깝고 채도가 '0'일 때는 무채색이다. 채도가 높은 색은 명도와 관계없이 강한 느낌을 주며 채도가 낮은 색은 약한 느낌을 준다.

구분	색상	이미지
고채도	주황	경쾌함, 활동적, 화려함
중채도	핑크	여성적, 부드러움, 온화함
저채도	갈색	침착함, 소박함, 신뢰감

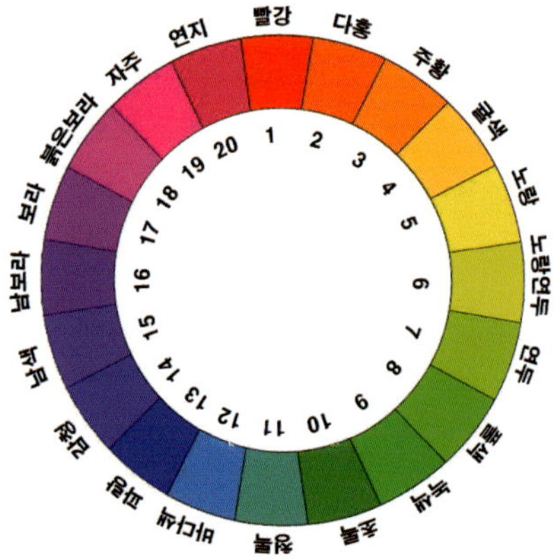

20색상환

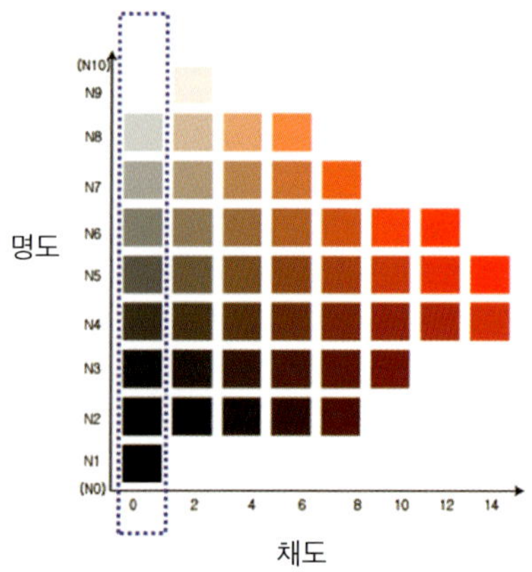

명도 · 채도

3. 색의 조화

구 분	색 상	이미지
동일색상	색상은 동일하나 명도, 채도가 다른 색상의 조화	수수함, 고상함
유사대비	색상환에서 가깝게 근접해 있는 색상의 조화	무난함, 침착함
보색대비	색상환에서 반대되는 색상의 조화	활동적, 화려함
무채/유채색	흑·백 등 무채색과 적·청 등 유채색 조화	개성적, 산뜻함

4. 빛과 색의 3원색

1) 빛의 3원색

빛이 기본이 되는 색으로 빨강(Red), 녹색(Green), 파랑(Blue)이다. 3원색을 여러 비율로 혼합하여 모든 색상을 만들 수도 있다. 가법혼합으로 빛의 혼합은 더할수록 밝아지고, 3원색을 모두 혼합하면 흰색이 나온다.

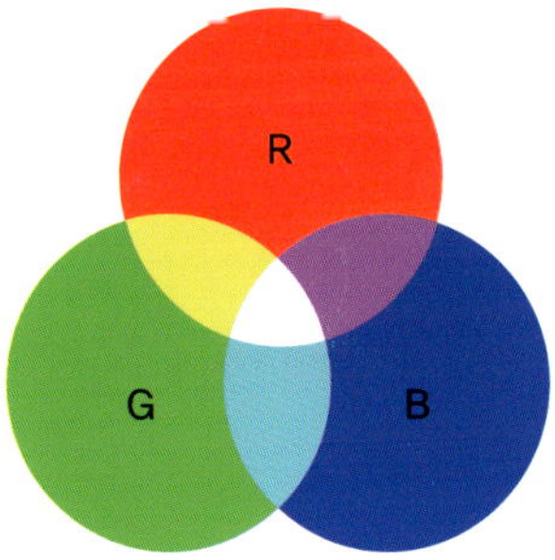

혼합 예) Blue+Green= Cyan, Green+Red=Yellow,
Blue+Red=Magenta, Red+Green+Blue=White

2) 색의 3원색

색의 기본이 되는 색으로 자주(Magenta), 노랑(Yellow), 청색(Cyan)이다. 3원색을 여러 비율로 혼합하여 모든 색상을 만들 수도 있다. 감법혼합으로 색의 혼합은 더할수록 어두워지며, 3원색을 모두 혼합하면 검정이 된다.

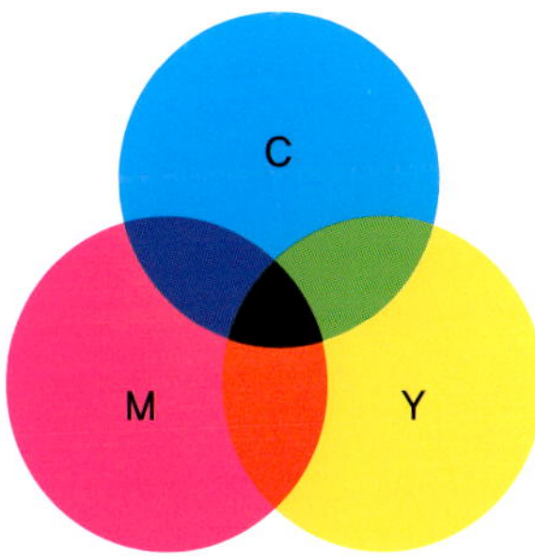

5. 피부색에 따른 네일 컬러

패션, 헤어, 메이크업, 네일아트에 이르기까지 자신에게 어울리는 컬러가 있다. 색조화장에 따라 얼굴색이 변하고 네일 컬러에 따라 손의 피부색이 달라 보이기 때문에 유행컬러나 자신이 좋아하는 컬러를 사용하였을 때 어울리지 않는 경우가 있다. 네일 컬러는 네일의 모양, 길이, 피부색과 어울리는 컬러를 선택하는 것이 무엇보다 중요하다. 피부색을 결정짓는 색소 중 멜라닌 색소는 검은색과 반점의 색, 케로틴 색소는 노란빛, 헤모글로빈 색소는 붉은빛을 띠게 하므로, 피부색에 맞는 컬러를 선택하는 것은 중요하다. 네일 컬러는 때와 장소, 상황에 맞게 자신의 피부색에 맞는 컬러를 선택하느냐에 따라 아름다움과 세련된 패션 스타일을 완성할 수 있다.

피부색은 컬러 진단을 통해 손등과 손바닥이 노란빛을 띠는지, 붉은빛을 띠는가를 확인한다. 하얀 피부일 경우에는 맑은 아이보리를 띠는지, 붉은빛을 띠는 하얀 피부인지 확인한다. 검은 피부는 손바닥의 붉은빛과 손등의 노란빛이 없는 검은 피부색인지, 붉은빛이 없는 노란색 빛이 도는 검은 피부인지 확인한다.

■ 하얀 피부

밝고 흰 피부의 손은 모든 컬러가 무난하지만 채도만 높고 컬러감이 없을 경우 혈색이 창백해 보이는 피부로 보일 수 있으므로 다홍빛과 같은 원색이나 오렌지, 옐로 등 비비드 컬러가 잘 어울리며, 네이비블루보다는 터키블루 계통의 컬러가 잘 어울린다.

TIP 살구색, 아이보리, 베이지, 선명하지 않은 옅은 컬러는 깔끔한 느낌보다 손이 창백해 보일 수 있다.

■ 붉은빛이 감도는 피부

붉은빛의 피부는 투명 컬러, 브라운, 오렌지, 골드 컬러가 잘 어울리며, 채도가 낮고 어두운 블랙, 퍼플블루, 바이올렛과 같이 진하고 차가운 컬러는 붉은 빛이 감도는 피부를 잘 보완해 준다. 피부 톤을 부드럽게 정리하기 위해서는 채도가 낮은 레드 컬러나 펄감이 없는 매트한 그린, 블루 톤을 사용한다.

TIP 피부가 더 붉게 보이도록 해줄 수 있는 채도가 밝은 레드와 옐로, 핑크 계열, 퍼플, 브라운, 파스텔 계열의 파랑, 붉은 계열은 피하도록 한다.

■ 노르스름한 피부

노르스름한 피부에는 레드, 그린, 퍼플, 블루 계열의 컬러가 화사하고, 누드 빛 살구색, 파스텔 핑크, 브라운 컬러는 노란 피부를 차분하게 해 준다. 인디고 색상, 퍼플, 레드, 브라운 등의 강한 컬러가 어울린다.

TIP 브라운, 오렌지, 네온 컬러나 원색의 옐로, 옐로 베이스가 사용된 골드나 옐로 컬러는 노랗게 보이고, 네이비와 퍼플은 창백해 보일 수 있으므로 피하도록 한다.

■ 어두운 피부 (갈색 빛을 띠는 어두운 피부)

갈색 빛을 띠는 어두운 피부는 누드 베이지, 누드 핑크 등 누드 계열 컬러가 가장 잘 어울리며 레드, 남색, 블랙, 진보라, 고동색, 펄 브라운 등의 진하고 강한 컬러가 어울린다. 화이트, 옐로, 그린 등의 비비드 컬러는 깔끔하고 섹시해 보이나, 피부 톤보다 한 톤 어두운 컬러는 손이 더 까맣게 보일 수 있기 때문에 피하는 것이 좋다.

TIP 브라운, 겨자색, 주황빛 등의 계열은 어두운 피부를 더 어둡게 만들기 때문에 피하도록 한다.

색채학 연습문제

1. 유채색과 무채색이 무엇인가?

2. 색의 3속성이란?

3. 색의 조화 중 동일색상과 보색대비의 색상과 이미지에 대하여 설명하시오.

4. 빛의 3원색은?

5. 피부색에 따른 네일 컬러를 설명하시오.

02. 디자인의 구도

1. 디자인의 의미

디자인(Design)은 라틴어 '데시그나레(Designare, 계획을 기호로 명시한다)'에서 유래하였다. 본질적 의미는 실용적이고 미적인 조형의 가시적인 표현이다. 어떤 구상이나 작업 계획을 구체적으로 나타내는 과정으로 모든 예술에 폭넓게 쓰이는 용어로 구성이나 표현 양식 또는 장식을 의미한다. 구성은 예술 작품에서 전체적으로 통일된 작품으로 완성하기 위해 부분적 요소들을 짜 맞추는 방식이다.

디자인의 뜻 : 1. 계획하다 2. 제시하다 3. 표현하다 4. 성취하다

2. 디자인의 목적

디자인의 목적은 물질적인 생활환경을 개선하고 창조하여 삶의 질을 향상하기 위한 목적이다.

1) 인간의 행복
2) 인간의 경제적 이윤 추구
3) 인간의 장식적인 욕구 충족
4) 예술적인 창작

3. 디자인의 구성 원리

- 3가지 구성 원리 : 조화, 균형, 율동
- 4가지 구성 원리 : 통일성, 균형, 강조, 리듬
- 6가지 구성 원리 : 통일성, 변화, 균형, 강조, 공간, 율동

1) 조화(harmony)

- 둘 이상의 요소가 서로 어울렸을 때 느낄 수 있는 현상
- 요소 상호 간 공통성과 동시에 어떠한 차이가 있을 때가 훌륭한 조화

2) 변화(Variety)

- 화면을 구성하고 있는 구성 요소들의 크기, 형, 색채 등이 같지 않은 것
- 움직임과 흥미를 느끼나 변화가 지나치면 산만해지고 무질서
- 통일의 영역을 침해하지 않는 범위 내에서 이루어지며 대비와 유사

3) 통일(Unity)

- 한 작품 안에 정돈과 안정된 느낌으로 한 단위라는 느낌
- 화면에 중심이 있고 객체가 있어야 통일성이 있게 되며, 통일성이 있어야 질서가 잡히고 혼란을 방지
- 형, 색, 재료 및 기술상에서 미적 관계의 결합이나 질서

4) 균형(balance)

- 대칭의 균형 : 형태나 색채가 좌우의 대칭을 이루는 것
- 비대칭의 균형 : 좌우의 색채와 형태가 다르면서 평형을 유지하는 것
- 방사 균형 : 중앙의 한 점에서 방사되거나 중심점으로부터 원형을 이루는 것

5) 비례

- 비례는 길이의 길고 짧은 차 혹은 크기의 대소 차이를 말하는 것
- 부분과 부분 또는 부분과 전체의 수량적인 관계
- 인체도 7등신, 8등신, 황금비율(1:1.618 → 카드의 가로세로비율, 국기, 석굴암)

6) 비례를 통한 질서와 변화

- 크기나 길이, 양의 상대적인 조화
- 어떤 양이 다른 양에 대하여 일정한 비례를 가지는 것

7) 율동(rhythm)

- 형이나 색 등이 반복되어 느껴지는 아름다운 운동감
- 다양한 요소들을 반복하여 강한 힘과 약한 힘이 규칙적으로 연속될 때 생기는 생명감과 존재감

8) 반복(Repetition)

- 같은 형, 색, 크기 등의 동일한 요소나 대상 등을 두 개 이상 배열시켜 시선이동을 유도하여 동적인 느낌을 줌으로써 율동감을 느끼게 하는 것

9) 방사(Radiation)

- 한 개의 점을 중심으로 이루어지는 것(꽃, 눈의 결정체)
- 한 개의 점을 중심으로 방사적인 것에 의해서도 만들어질 수 있다.

10) 점이(Gradation)

- '점진적인 변화'를 뜻하며, 서로 대조되는 양극단이 유사하거나 조화를 이룬 일련의 단계로 흔히 '그러데이션(Gradation)'이다.
  → 달의 변화, 노을빛의 증감, 무지개, 스펙트럼, 낮과 밤

11) 동세(Movement)

- 운동, 변화, 활기, 동작 이동 등 방향, 각도, 진상, 거리 구성적 요소를 강조, 과장하는 것

12) 강조(emphasis, accent)

- 특정 부분을 강하게 함으로써 변화 있게 하는 요소
- 어느 한 부분의 형태, 색, 크기들을 전혀 다른 것으로 배치 채색함으로써 생성되며, 강한 긴장감을 준다.
- 무성한 나뭇잎들 사이에서 핀 꽃, 별이 총총한 밤하늘에 뜬 달, 평평한 벽에 생긴 갈라진 틈
- 고층 건물 사이에 자리한 옛 건축물 등 주의를 환기시킬 때, 관심의 초점을 만들거나 동세와 흥분을 조성시킬 때

13) 대비(Contrast)

- 서로 반대되는 요소가 인접해 있을 때의 강한 효과로, 크고 작은 물체를 동시에 놓았을 때 큰 것은 작은 것 때문에 커 보이고, 작은 것은 큰 것 때문에 더욱 작아 보이는 현상을 말한다.
- 대비는 모든 시각적인 요소에 대하여 동적이고 극적인 분위기를 만드는 작용을 한다.

- 대소, 한란 등과 같이 성질이 반대되는 것은 대비를 보인다.
- 성질, 분량을 달리하는 두 가지 이상의 것이 공간적, 시간적으로 접근할 때 일어난다.

14) 평면 구성

- 주어진 평면 위에 점, 선, 면을 이용하여 미적으로 표현하는 것을 말한다. 이러한 구성은 변화와 통일 균형들의 구성 요소를 이용하여, 전체적인 조화를 생각하며 평면 위에 표현하여야 한다.
- 자연물이나 인공물의 형과 색, 재질 등의 특성과 구성의 원리를 통한 미적 표현 학습의 기초가 된다.
- 디자인의 기초 능력인 색의 시각 효과와 감정 표현에 대한 연습에 중요한 역할을 한다.

4. 구도의 의미

1) 구도의 3 요소

화면을 짜임새 있고 조화롭게 구성하려면 강조와 보조가 있어야 하고 변화, 통일, 균형에 유의하여 아름다움을 표현하는 방법으로 변화와 통일은 서로 상반된 개념이지만, 한 화면 속에 서로 적절히 조화를 이루어 균형을 이루었을 때 좋은 구도가 된다.

① 변화 : 다른 요소, 조건 등의 배치에 의해서 산만하거나 단조롭지 않게 생동감 있게 표현하여 구성

② 통일 : 여러 가지 요소, 소재, 조건들이 산만하지 않게 주제에 집중하여 일체감을 갖는 것

③ 균형 : 형태나 색채가 화면 전체에 안정감을 주며, 좌우의 대칭과 비례에 의한 아름다움을 표현

2) 구도의 종류

■ **원형 구도**

정물화 등에 흔히 쓰이는 구도이며, 짜임새는 좋으나 구심력이 약한 경우가 많다. 평면적이고 장식적인 효과를 노리는 표현에 많이 이용된다. 통일감과 부드러운 원만한 느낌을 준다.

■ **복합형 구도**

수평 · 수직 구도, 삼각형 · 수직 구도 등과 같이 몇 개의 기본적인 구도가 겹쳐 이룬 구도로 종류도 다양하며, 그 느낌과 효과 역시 다양하다.

[표 2-1] 구도의 종류

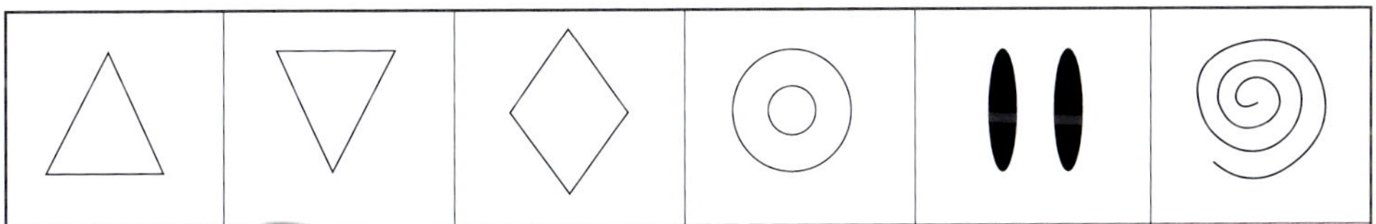

삼각 구도	역삼각형 구도	마름모 구도	원형 구도	좌우대칭 구도	와선 구도
안정, 통일, 듬직, 강함, 동적, 중후감	동적, 상승, 불안, 변화, 깊이감	포위감, 동적 변화, 균형미	안정, 통일, 부드러움, 원만한 느낌	동적, 안정	퍼져나감, 심한 움직임

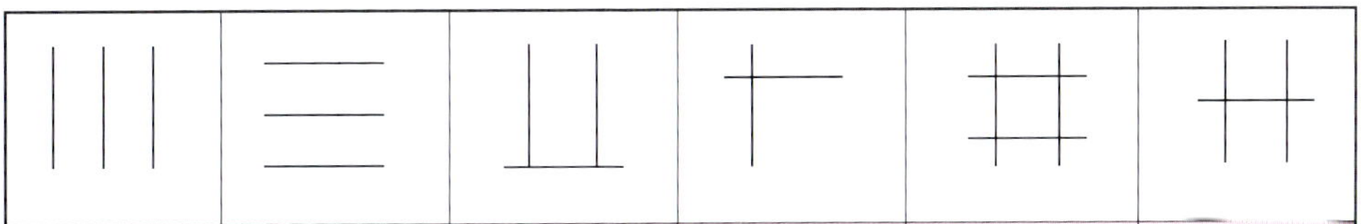

수직 구도	수평 구도	수직 수평 구도	십자 구도	삼등분 구도	상하대칭 구도
상승, 하강, 엄숙, 고요	평화, 안정 고요, 이갈, 무게감	견실함	넓이감, 동적	편안함, 안정, 보편적, 황금 분할 구도	질서정연

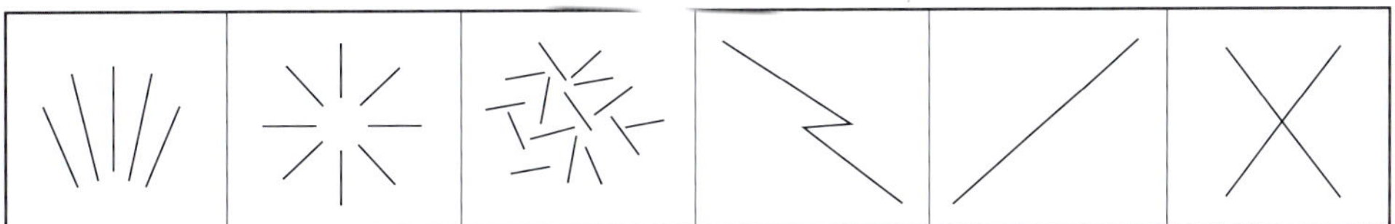

부채꼴 구도	방사형 구도	와선 구도	전광형 구도	대각선 구도	양대각선 구도
퍼져나감	통일, 변화, 구심점 강조	심한 움직임, 불안정, 퍼져나감	동적, 강렬, 변화, 깊이, 불안, 상승	불안, 속도감, 방향감, 늠름 공간적, 깊이	생동감, 원근감, 집중감, 퍼져가는 느낌

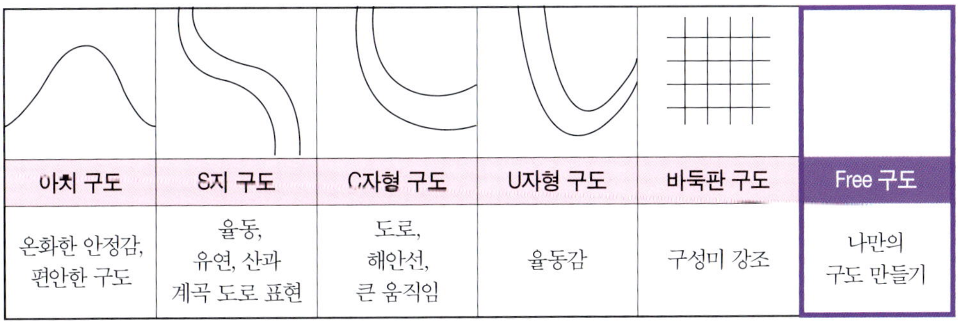

아치 구도	S자 구도	C자형 구도	U자형 구도	바둑판 구도	Free 구도
온화한 안정감, 편안한 구도	율동, 유연, 산과 계곡 도로 표현	도로, 해안선, 큰 움직임	율동감	구성미 강조	나만의 구도 만들기

5. 네일아트 디자인

네일아트 디자인은 구도의 종류를 한 가지 또는 두 가지 이상을 활용하여 손톱에 자유롭게 디자인하여 표현할 수 있다. 그러나 네일아트 구도는 좁은 공간 위에서 할 수 있는 것으로 구도가 일정한 형이 정해져 있는 것이 아니므로 디자이너는 항상 새로운 구도의 창조가 필요하고 멋진 예술작품을 표현한다.

[표 2-2] 구도를 활용한 네일아트 디자인의 예

수평 구도

수직 구도

삼각형 구도

U자형 구도

디자인 구도 연습문제

1. 디자인의 목적에 대하여 설명하시오.

2. 디자인 구성 원리 중 조화에 대하여 설명하시오.

3. 구도의 종류 중 복합형 구도에 대하여 설명하시오.

4. 구도의 종류 중 평면 구성에 대하여 설명하시오.

5. 구도를 활용한 네일아트 디자인을 그려 보시오.

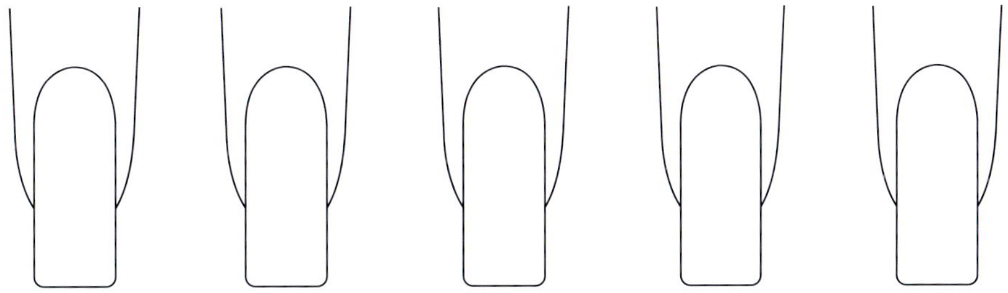

(십자형 구도) (대각선 구도) (부채꼴 구도) (좌우대칭 구도) (아치형 구도)

03. 컬러 아트 Color Art

컬러 아트의 기본은 네일 컬러가 매끄럽게 발라져야 한다. 컬러 바르기는 여러 방법이 있으나 코너에서 시작하여 센터 쪽으로 발라야 표면이 매끄럽게 바를 수 있다. 일반적 컬러는 바르기 쉬운 반면에 파스텔 톤과 누드 톤, 메탈 컬러는 바르는 방법에 따라 표면의 매끄러운 정도가 다르게 보인다.

색이 흐린 누드 컬러나 파스텔(pastel) 컬러는 질감이 매트(matte)하므로 경계선이 생길 수 있다. 그러므로 네일 브러시를 용기에 적당히 문질러 양을 조절하여 처음에는 얇게 살짝 바르고, 두 번째는 처음에 바른 컬러의 가장자리를 완전히 감싸듯이 발라주어야 매끄럽게 되며, 경우에 따라 2~3회 덧발라 줄 수도 있다.

메탈(Metal) 컬러는 화려함, 고급스러움, 세련된 느낌을 주는 컬러로 붓 자국을 최소화하기 위해서 붓끝을 잘 정돈하여 일직선으로 발라주어야 한다.

파스텔 톤 · 누드 톤 컬러 바르기

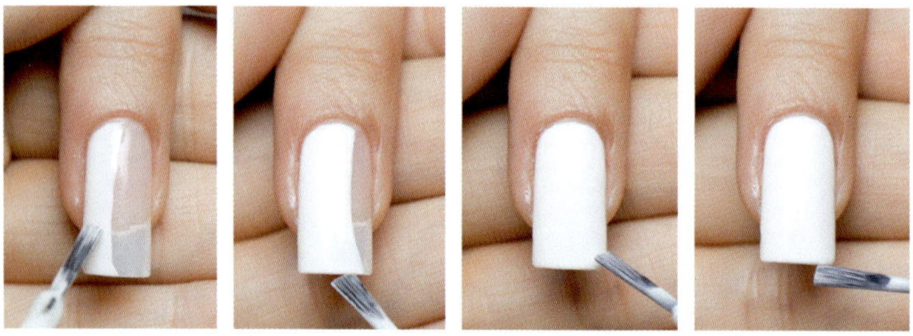

메탈 컬러 바르기

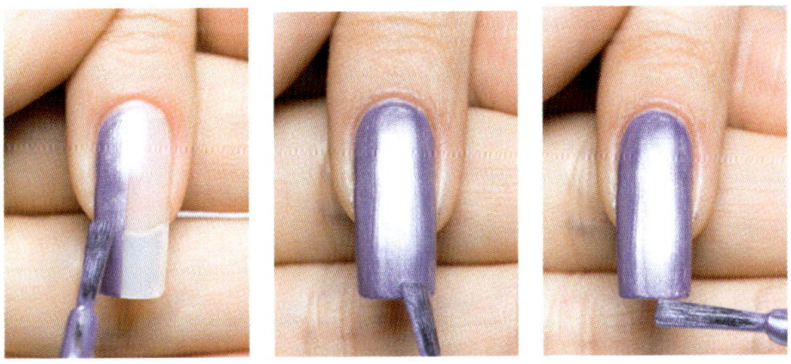

1. 풀 코트 아트

1) 시술 과정

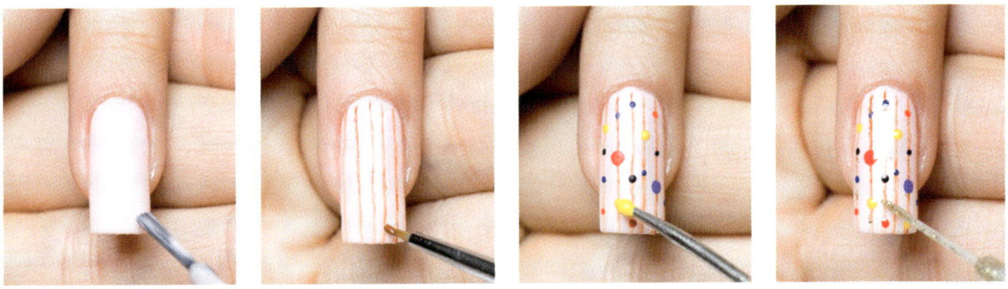

1 라이트 핑크 폴리시로 풀 컬러링한다.

2 라인붓이나 세필 00호 붓을 이용하여 브라운 컬러의 아크릴 물감으로 선을 그려준다.

3 도트펜으로 레드, 블루, 옐로, 블루로 도트를 찍어준다.

4 글리터를 바르고 톱코트로 마무리한다.

2) 스텝 바이 스텝 (Step By Step)

3) 응용 작품

4) Mini Gallery

2. 프렌치 아트

1) 시술 과정

1 핑크 폴리쉬로 프렌치를 그려준다.

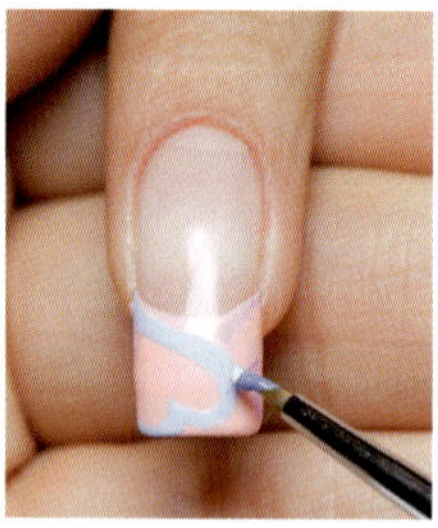

2 라이트블루 아크릴 물감으로 하트라인을 그려준다.

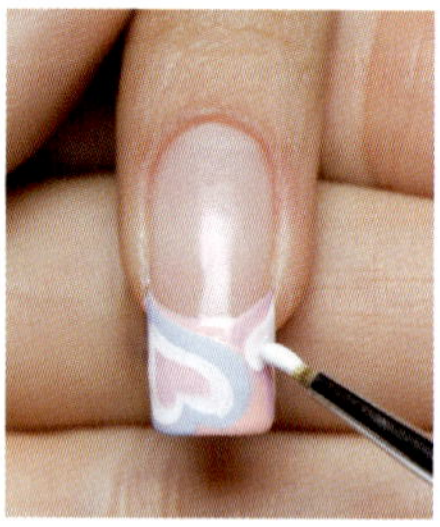

3 화이트 아크릴 물감으로 하트라인을 그려준다.

4 글리터를 바르고 탑 코트로 마무리 한다.

2) 스텝 바이 스텝 (Step By Step)

3) 응용 작품

4) Mini Gallery

3. 그러데이션 아트 (Gradation Art)

그러데이션(gradation)이란 색채나 농담이 밝은 부분에서 어두운 부분으로 점차 옮겨지는 것으로, 큰 모양에서 작은 모양으로, 껄끄러운 결에서 매끈한 결로, 또는 한 색상에서 다른 색상으로 매끄럽게 전환하는 등 여러 가지 기법으로 점진적이며, 매끄럽게 단계적으로 변해가는 것을 말한다. 디자인 원리로서의 그러데이션은 일련의 점진전인 변화를 사용함으로써, 미술 요소들을 결합하는 방법을 의미한다. 네일아트의 사용하는 그러데이션 기법은 그러데이션 디자인 효과를 한 가지 또는 두 가지 이상을 사용하여 네일아트 디자인에 응용할 수 있다.

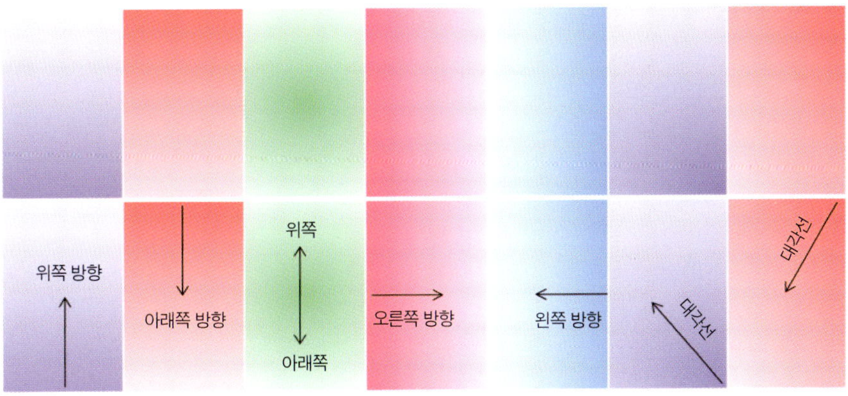

[그러데이션 디자인 효과]

그러데이션 기법은 표현하고자 하는 작품에 따라 폴리시, 아크릴물감, 스펀지 등을 이용하여 깊이 있는 디자인을 할 수 있으며, 부드러우면서도 세련되게 다른 디자인 아트와 함께 응용하여 멋스러운 네일아트를 할 수 있는 장점이 있다.

■ 그러데이션 시술 방법

1. 기본 케어를 마친 후 베이스 코트를 발라준다.
2. 베이스 컬러를 할 경우 풀 코트(full coat)하거나 스펀지를 이용하여 전체를 톡톡 찍어 발라준다.
3. 그러데이션은 폴리시를 스펀지 끝쪽부터 필요한 컬러의 양을 묻혀서 손톱의 1/2 또는 1/3, 2/3의 부분만큼을 톡톡 찍어서 2회 이상을 반복 작업해 준다.
   → 스폰지에 컬러를 묻힌 후 코팅지나 호일에 2~3번 톡톡 찍어 컬러가 잘 섞여 그러데이션이 되면 손톱에 톡톡 찍어준다.
4. 그러데이션한 후 원하는 디자인을 한 후 톱 코트로 마무리한다.

(스펀지에 묻혀 주어야 할 부분)

TIP 그러데이션 색상은 진한 색에서 흐린 색으로 나타날 수 있도록 색상 선정을 진한 색, 중간 색, 흐린 색을 잘 사용하여야 하며, 사람 손에 직접 할 때는 네일 크기에 맞도록 그러데이션하여야 한다.

1) 시술 과정

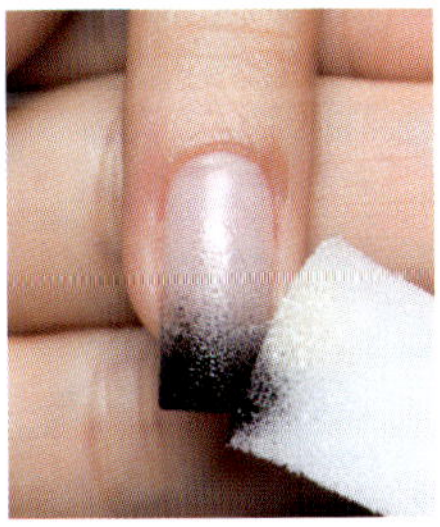

1 블랙과 실버 펄 폴리시를 스펀지에 묻혀 톡톡 찍어준다.

2 화이트 아크릴물감으로 눈 모양 결정체를 그려준다.

3 실버 글리터로 포인트 터치해 준다.

4 톱 코트로 마무리 한다.

2) 스텝 바이 스텝 (Step By Step)

TIP 스텝 바이 스텝은 복잡한 설명없이 작품만 보고 쉽게 이해하여 누구나 편하게 디자인 구상을 할 수 있도록 하였다.

3) 응용 작품

4) Mini Gallery

작품명 :

Portfolio Pattern 1

(   ) 반, 학번 (   ), 이름 (   )

콘셉트(Concept)

시술 방법

스케치

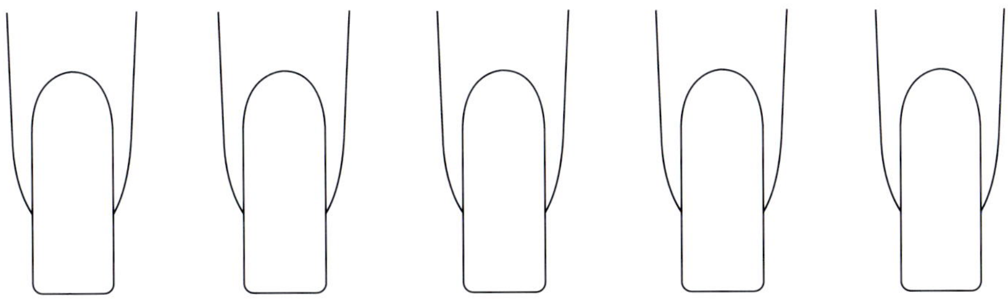

작품명 :

(　　　　) 반, 학번 (　　　　　　　　), 이름 (　　　　　　　　)

〈작품 & 사진 붙이기〉

04. 네일 페인팅 Nail Painting

'페인팅(Painting)'의 의미는 그림을 그린다는 뜻이다. 간단한 기호나 문자, 자연, 인물 그림 등을 옷, 가방, 패션 용품, 액자, 신체 등에 직접 그림을 그리는 것이다. 페인팅은 대상이 패션 용품, 신체, 생활용품 등에 다양하게 활용할 수 있다.

네일 페인팅(Nail Painting)은 손톱을 깨끗이 정리하고 손톱이라는 좁은 공간에 에나멜이나 아크릴물감으로 모양이나 그림을 여러 방법을 이용하여 창조적인 디자인으로 직접 손톱에 그리는 것이다.

페인팅(Painting) 종류
패션 페인팅(Fashion Painting) - 옷이나 가방 등 보디 페인팅(Body Painting) - 몸, 신체 페이스 페인팅(Face Painting) - 얼굴 핸드 페인팅(Hand Painting) - 손등 피부 네일 페인팅(Nail Painting) - 손톱

페인팅(Painting)의 특징
물감의 안정성 : 인체에 무해하여 안심하고 사용할 수 있다. 표현의 용이성 : 다양한 기법으로 누구나 손쉽게 그릴 수 있다. 소재의 다양성 : 소재의 제한이 없어 어디에나 표현할 수 있다. 표현의 영구성 : 세탁이나 세제 등에 의해 탈색, 변색 되지 않는다. → 단, 신체(보디, 얼굴, 핸드)에 하는 것은 아쿠아(Aqua) 물감이므로 쉽게 지울 수 있다.

1. 꽃 그리기

시술재료
폴리시, 베이스코트, 톱코트, 아크릴물감, 브러시, 물통, 팔레트 등 기타 네일아트 재료와 기본도구

1) 시술 과정

1 레드 컬러를 바른다.

2 라운드 1호로 흰색 꽃잎을 그려준다.

3 계속 연결하여 그려 준다.

4 적당한 간격으로 꽃잎 다섯 개를 그려준다.

5 왼쪽 옆면에도 꽃잎을 그려준다.

6 세필 붓으로 꽃잎 라인을 옐로와 레드로 그려준다.

7 꽃 중앙에 스톤을 붙인다.

8 톱 코트 바르고 마무리한다.

2) 스텝 바이 스텝 (Step By Step)

3) 응용 작품

4) Mini Gallery

2. 캐릭터 그리기

1) 시술 과정

1 핑크 컬러로 베이스를 바른다.

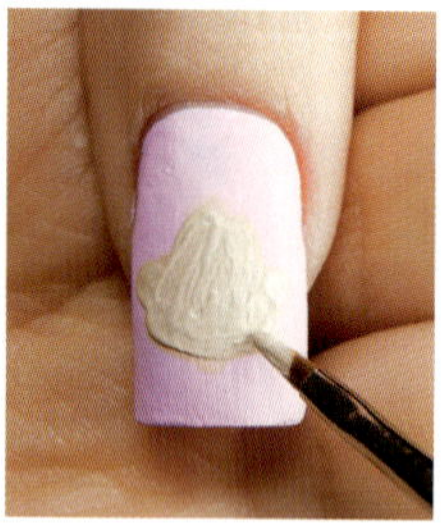

2 얼굴과 목을 그려준다.

3 화이트 컬러로 옷을 그린다.

4 번트시에나 컬러로 머리를 칠한다.

5 블랙 컬러로 눈과 입술 눈썹, 얼굴 라인 윤곽을 그려준다.

6 눈은 화이트로 입술은 레드 컬러로 그려준다.

7 볼은 레드 컬러로 터치하고, 눈동자는 블랙 컬러로 그려준다.

8 눈동자 흰점을 칠하고 머리 라인을 블랙으로 그리고, 헤어밴드를 그려준다.

9 옷에 레드 점을 찍어주고 톱 코트를 바른다.

10 완성

2) 스텝 바이 스텝 (Step By Step)

TIP

밑 그림을 연필로 그려주면 페인팅이 편리하다.

3) 응용 아트

4) Mini Gallery

작품명 :

Portfolio Pattern 1

(   )반, 학번 (   ), 이름 (   )

콘셉트(Concept)

시술 방법

스케치

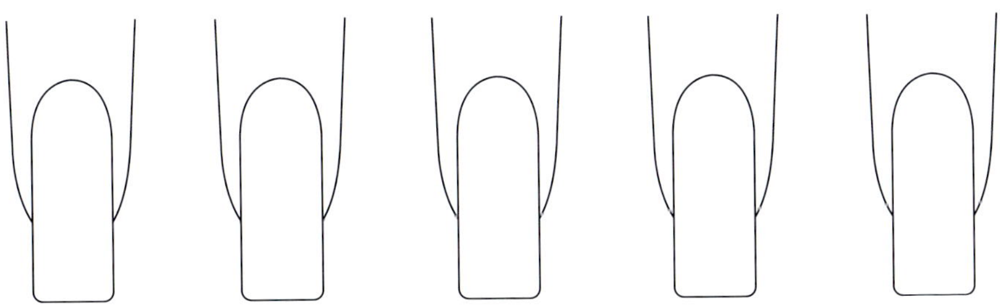

작품명 :

(　　　　)반, 학번(　　　　　　　), 이름(　　　　　　　)

〈작품 & 사진 붙이기〉

05. 포크 아트 Folk Art

포크 아트(Folk Art)는 16세기에서 17세기에 걸쳐 유럽의 서민 계층에서 가구나 일상용품을 아름답게 장식하기 위하여 시작한 것이 18세기 말부터 미국으로 건너가 전해 내려온 기법이다. 퇴색한 목재 가구나 일상생활용품에 꽃과 풍경을 그리는 민속예술 또는 전통예술이다. 포크 아트는 각 나라마다 고유의 스타일과 독특한 장르를 형성하여 발전하였고 전통적인 장식 기술을 토대로 다양한 소재를 가지고 그림을 넓은 벽이나 유리, 칠재, 유리, 도자기, 직물, 캔버스, 함석, 시멘트 등 다양한 소재에 구애받지 않고 일상생활용품부터 작은 소품에 이르기까지 어떤 소재에도 자유롭고 다양하게 표현할 수 있다. 포크 아트는 아크릴물감으로 소재의 제약 없이 그릴 수 있어 일상생활용품의 모든 것이 예술 표현의 소재가 되고 자유로운 표현 기법으로 발전하였으며, 미(美)의 장식예술로서 네일아트(Nail Art)에도 멋지게 포크 아트를 할 수 있다.

시술재료
폴리시, 베이스코트, 톱코트, 아크릴물감, 브러시, 물통, 팔레트, 페이퍼 타월 등 기타 네일아트 재료와 기본 도구

1. 포크 아트 (Folk Art) 기본 기법

1) 브러시 명칭

납작(평)붓 (Flat)	앵글붓 (Angle)	둥근(환)붓 (Round)	필벗붓 (Filbert)	라이너붓 (Liner)	세필붓	도트펜 (Dot)

사이드 로딩 더블 로딩 C 스트로크, S 스트로크, 꽃, 꽃잎	사이드 로딩 더블 로딩, C 스트로크, S 스트로크, 꽃, 꽃잎	둥글면서 끝이 뾰족, 세부 묘사, 콤마 스트록, 데이지	납작하며 끝이 둥근붓, 콤마 스트록, 데이지	라인 그리는 것, 가는 선, 곡선	0호, 1호 글씨, 선, 잎맥 표현	도트 찍기

2) 포크아트 기법

라이너붓, 세필붓	도트펜 둥근붓
라인 그리기	점찍기

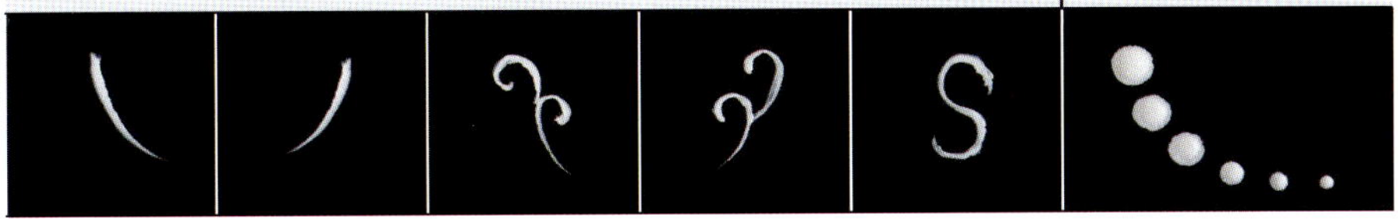

납작붓(평붓)		납작붓, 앵글붓	납작붓, 둥근붓, 필벗붓, 앵글붓	납작붓	둥근붓 필벗붓
사이드 로딩	더블 로딩	C 스트로크	S 스트로크	반원 스트로크	콤마스트로크

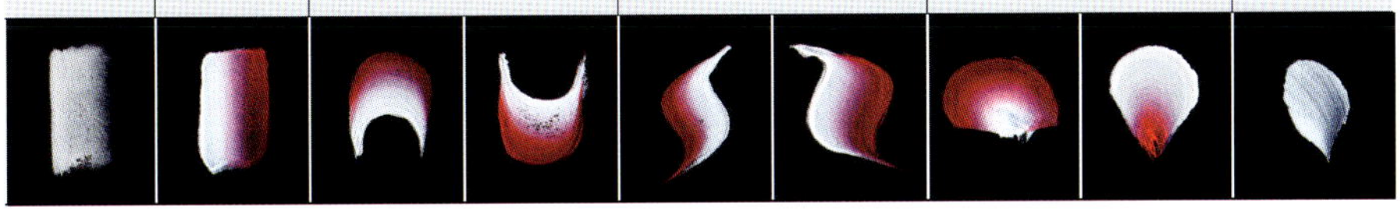

> **TIP** 포크아트의 기본기법을 꽃과 잎의 모양에 따라 브러시 힘을 조절하여 크기와 모양을 디자인 할 수 있다.

(1) 사이드 로딩(Side Loading)

① 붓에 물을 적신 후 페이터 타월에 물기를 닦아내어 수분 조절한다.

② 붓 한쪽 끝에 물감을 묻혀 팔레트에서 두세 번 문질러 농도 조절한다.

③ 붓이 팔레트에서 자연스럽게 그러데이션이 되면 로딩한다.

(2) 더블 로딩(Double Loading)

① 수분 조절한 붓의 양쪽 끝에 각각 다른 색의 물감을 묻혀 준다.

② 물감이 자연스레 섞이도록 팔레트에서 여러 번 로딩하여 농도 조절한다.

③ 일정한 힘으로 붓끝이 갈라지지 않도록 붓을 세워 더블 로딩을 한다.

(3) C스트로크(C-stroke)

① 수분 조절한 붓의 끝에 물감을 적당량 묻혀 준다.

② 팔레트에서 물감이 자연스레 섞이게 농도 조절한다.

③ 붓끝을 세워 C자를 그리듯 힘을 주어 굵게 그리면서 붓을 들어올려 가늘게 마무리한다.

(4) S 스트로크

① 수분 조절한 붓 전체에 물감을 적당량 묻혀 준다.

② 붓을 사선으로 S자를 그리듯이 정중앙에서 힘을 주어, 굵게 한 다음 돌리면서 힘을 빼고 붓을 세워가며 들어준다.

(5) 반원 스트로크

① 붓에 물감을 적당량 묻혀 농도 조절한 뒤 붓을 세워 누른다.

② 왼쪽에서 오른쪽으로 부채꼴 모양으로 붓에 힘을 주어 붓과 손목을 동시에 돌려 올린다.

③ 양쪽이 대칭이 되도록 힘을 조절한다.

(6) 콤마 스트로크(Comma Stroke)

둥근붓이나 필벗붓에 물감을 묻혀서 팔레트에 붓끝을 정리하여 모아서 콤마 찍듯이 힘주어 눌렀다가 가볍게 들면서 살짝 빼준다.

(7) 라인 그리기

라인너붓으로 줄기, 넝쿨, 라인, 체크 등을 그린다. 붓을 눌러주거나 들어주면서 힘 조절을 하여 입체감 있게 표현하며 한 번에 그리는 것이 포인트다.

(8) 점찍기

도트펜이나 둥근붓으로 물감을 묻혀 한 번에 가볍게 찍어준다.

2. 브러시 연습하기

1) 세필붓, 라이너붓(Liner Brush), 도트펜(Dot Pen) 연습하기

(줄기, 가지, 선, 점, 꽃 수술 등에 활용)

기법	연습하기
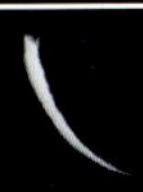	

TIP

도트펜이나 둥근붓으로 점을 찍거나 없을 시 라이너 브러시 대(손잡이) 끝으로 찍을 수 있다.

2) 평(Flat)붓 연습하기 (꽃, 나뭇잎 등에 활용)

기법	연습하기
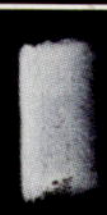	

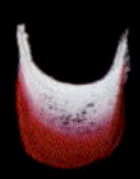	

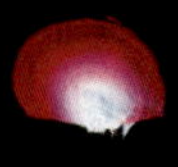	

3) 둥근(Filbert) 붓 콤마스트로크로 코스모스 연습하기

(코스모스, 데이지, 제라륨, 수국 등에 활용)

기법	연습하기

TIP 콤마 스트로크는 손톱의 크기와 디자인에 따라 모양과 크기 조절이 가능하다.

4) 평붓 반원 스트로크로 연습하기 (팬지, 물망초, 둥근 꽃 등에 활용)

기법	연습하기

5) 평붓 C 스트로크로 장미 꽃 연습하기

기법	연습하기

6) 평붓 C 스트로크로 나뭇잎 연습하기

기법	연습하기

TIP

나뭇잎은 꽃에 따라 모양이 다르므로 S스트로크, 콤마스트로크, C스트로크 등을 활용하여 그려준다.

3. 장미꽃 그리기

1) 시술 과정

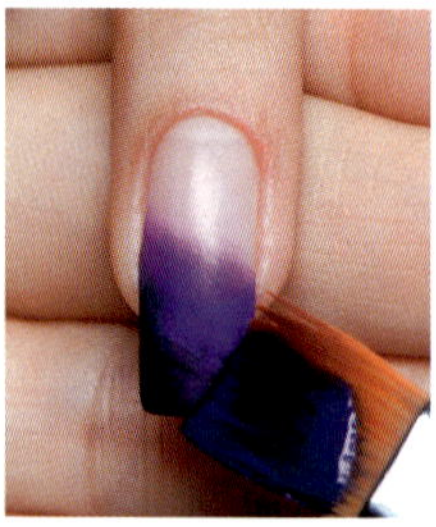

1 베이스는 평붓으로 디옥스퍼플을 손톱의 1/2 사선으로 바른다.

2 평붓1호로 화이트, 파인그린을 더블로딩하여 나뭇잎 1/2을 먼저 그려준다.

3 나뭇잎의 반쪽을 대칭으로 그려준다.

4 2, 3번과 통일한 방법으로 나뭇잎을 그려준다.

5 화이트, 디옥스 퍼플로 장미 세 겹을 그려준다.

6 봉우리를 그려준다.

7 아래 봉우리를 그려준다,

8 펴진 꽃잎을 그려준다.

9 펴진 꽃잎과 나뭇잎에 라인을 그려준다.

10 도트를 찍어준다.

11 글리터와 톱 코트를 바른다.

12 완성

2) 스텝 바이 스텝 (Step By Step)

3) 응용 작품

4) Mini Gallery

작품명 :

Portfolio Pattern 1

(　　　　)반, 학번(　　　　　　　), 이름(　　　　　　　)

콘셉트(Concept)

시술 방법

스케치

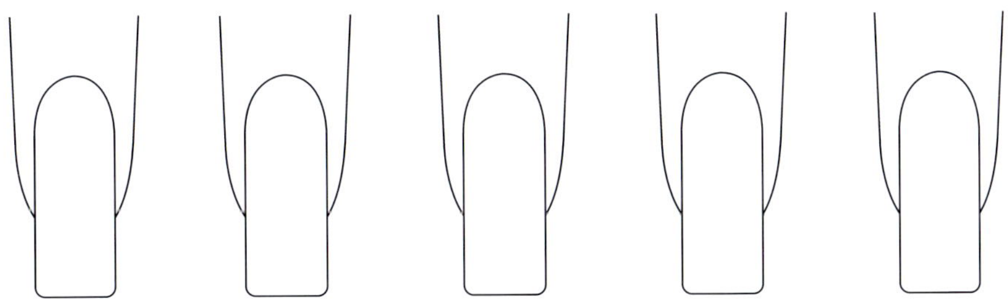

작품명 :

(　　　　　) 반, 학번 (　　　　　　　　), 이름 (　　　　　　　　)

〈작품 & 사진 붙이기〉

06. 아크릴릭 아트 Acrylic Art

아크릴릭(Acrylic) 또는 스컬프처드 네일(Sculptured Nail)이라고도 하며, 아크릴릭 파우더와 리퀴드를 혼합하여 만드는 방법이며 매우 단단한 인조 네일이다.

아크릴릭 네일은 자연 네일, 인조 네일 위에 보강, 연장, 변형시키는 데도 사용하며 물어뜯는 네일이나 상해를 입은 네일과 보수를 할 수 있으며, 고객이 원하는 어떠한 모양도 가능하여 보강하는 데 많이 사용한다.

아크릴릭 아트는 아크릴릭 파우더를 이용하여 기본 디자인 아트와 엠보 디자인 아트, 3D 아트 등으로 입체적이고 창의적인 디자인을 할 수가 있다.

1. 기본 아크릴릭 시술 과정

시술재료
프라이머, 리퀴드, 파우더, 브러시, 아크릴릭볼, 컬러 파우더, 폼, 파일, 샌딩, 라운드 패드, 니퍼, 클리퍼, 푸셔, 톱 코트, 아세톤, 손 소독제 등

1) 기본 시술 과정 복습

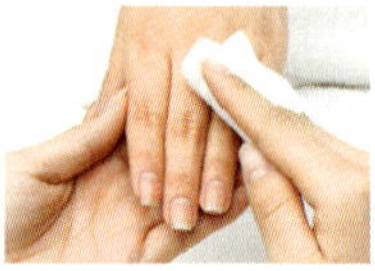
소독

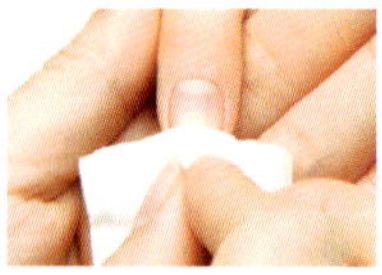
폴리시 제거

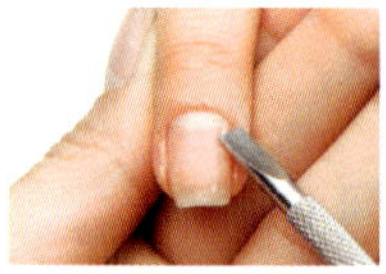
큐티클 밀기

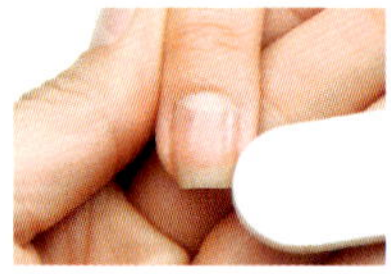
모양 잡고 광택 제거

프라이머 바르기

폼 끼우기

프리엣지
아크릴볼 올리기

하이포인트
볼 올리기

큐티클 가까이
볼 올려 쓰려내리기

굳기 전에
핀칭주기

폼 제거하기

파일하기

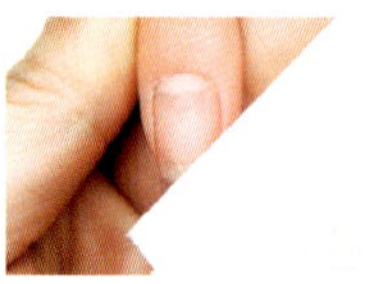
샌딩하기

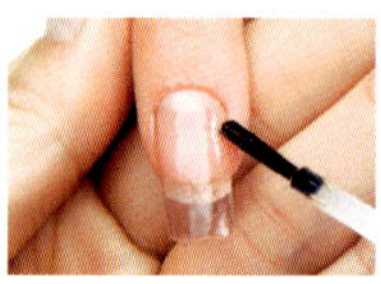
오일 바르기

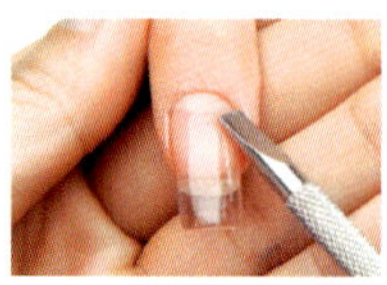
큐티클 정리

TIP

1. 프라이머는 PH를 조절, 접착제, 방부제 역할을 한다.
2. 아크릴릭을 두드려 보아 맑은소리가 나면 완전히 굳은 것이므로 파일한다.
3. 아크릴릭 아트 시술 시 기본 시술 과정의 소독부터 프라이머 바르는 단계까지 시술 후 아트를 하여야 한다.

2) 아크릴릭 아트를 하기 위해 알아둘 것

(1) 꽃 볼 만들기

아크릴릭 리퀴드를 브러시에 흐르지 않게 적당량을 적셔서 아크릴릭 파우더에 브러시 끝을 살짝 돌리면서 브러시 끝에 볼이 동그랗고 통통하게 만든 후 네일 또는 팁에 올려 원하는 모양을 만들어 준다.

(2) 선 그리기

아크릴릭 리퀴드를 브러시에 적당량을 적셔서 아크릴릭 파우더를 브러시 면에 살짝 찍듯이 볼을 만든 후 네일 또는 팁에 붓을 뉘어서 흐르듯이 그려준다.

TIP

브러시에 적시는 리퀴드 양이 작으면 작은 볼이 형성되고 양이 많으면 큰 볼이 만들어지므로 양 조절을 잘하여야 한다.

2. 디자인 아크릴릭 아트 (Design Acrylic Art)

1) 시술 과정

1 블랙 파우더로 베이스를 만든다.

2 그린 글리터 파우더로 큐티클과 프리 에지 끝에 포인트를 준다.

3 핑크와 핫핑크 파우더로 꽃잎을 만든다.

4 꽃잎을 완성한다.

5 옐로 컬러 파우더로 수술을 만든다.

6 화이트 파우더로 포인트를 준다.

7 연 그린과 딥 그린 칼라 파우더로 나뭇잎을 만든다.

8 클리어 파우더를 올려준다.

9 핀칭을 준다.

10 폼을 제거한다.

11 표면 정리 후 버핑한다.

12 광택 후 오일 매니큐어를 하여 완성한다.

TIP 완전히 굳기 전에 핀칭을 주어야 모양을 예쁘게 만들 수 있다.

3. 엠보싱 아크릴릭 아트 (Embossing Acrylic Art)

1) 시술 과정

1 프리 에지 부분에 바이올렛 펄 파우더로 베이스를 만든다.

2 프리 에지 끝을 딥 바이올렛 펄 파우더 베이스를 만든다.

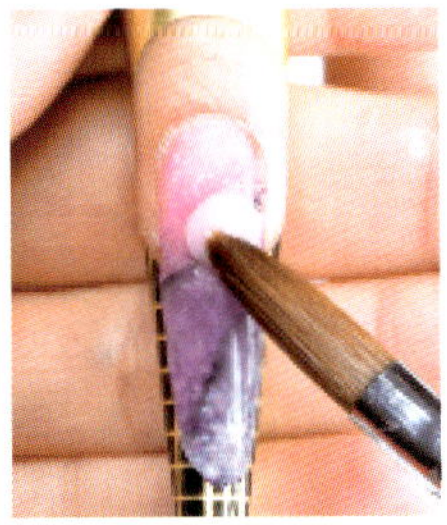
3 큐티클 부분에 까지 핑크 펄 파우더루 베이스를 만든다.

4 블랙 컬러 파우더로 포인트 라인을 그려주다.

5 프리 에지에 클리어 파우더를 올려준다.

6 큐티클 라인까지 클리어 파우더를 올려준다.

7 완전히 굳기 전에 핀칭을 준다.

8 폼을 제거한다.

9 표면 정리와 손톱 모양을 만들어준다.

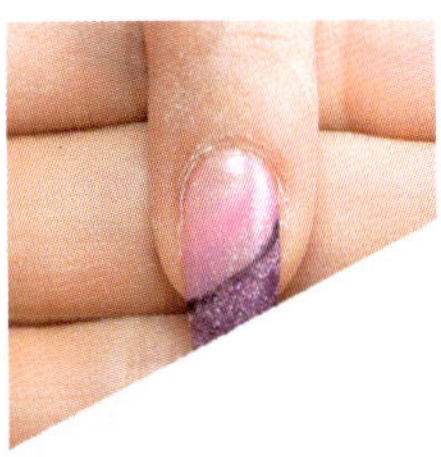
10 표면 정리 후 버핑 한다.

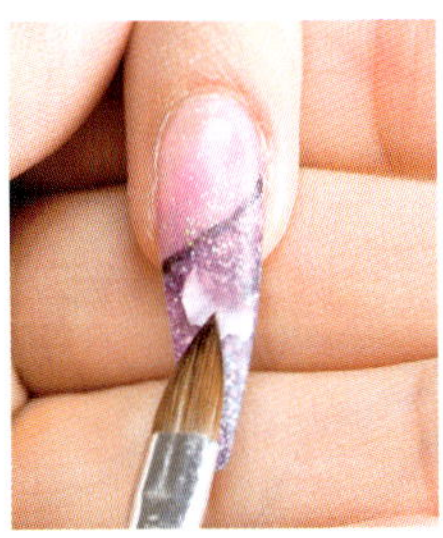
11 라이트 핑크와 딥 핑크 컬러 파우더로 꽃잎을 만든다.

12 베이스에 돌아 가며 꽃잎을 만든다.

13 꽃잎 사이 사이에 겹쳐지도록 꽃잎들을 만든다.

14 말려있는 꽃잎을 만든다.

15 화이트파우더로 포인트 라인을, 라이트 그린과 딥 그린 파우더로 나뭇잎을 만든다.

16 톱 코트 바르고 완성한다.

2) 스텝 바이 스텝 (Step By Step)

3) 응용 작품

4) Mini Gallery

작품명 :

Portfolio Pattern 1

( )반, 학번 ( ), 이름 ( )

콘셉트(Concept)

시술 방법

스케치

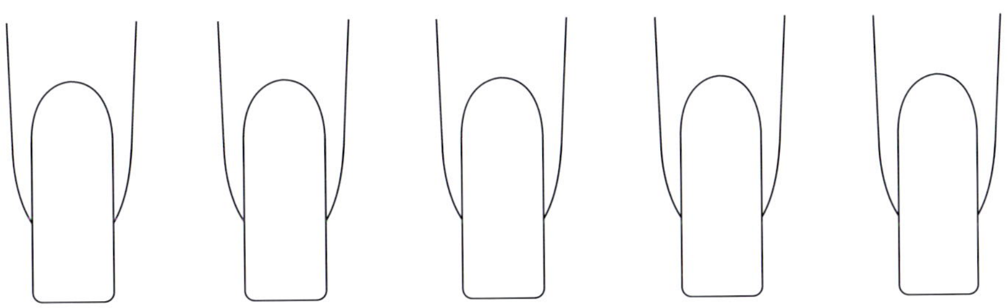

작품명 :

Portfolio Pattern 1
작품 & 사진 붙이기

(　　　　)반, 학번(　　　　　　　　), 이름(　　　　　　　　)

〈작품 & 사진 붙이기〉

07. 젤 아트 Gel Art

젤(Gel)은 자연손톱이나 인조손톱 위에 젤 스컬프처드하여 시술한다. 자외선(UV)이나 할로겐광, 발광다이오드광(LED)과 같은 특수한 빛에 노출해 응고시키는 라이트 큐어드 젤(Light Cured Gel)과 젤 활성액(Activator)을 브러시하거나, 스프레이하여 응고시키는 노 라이트 큐어드 젤(No Light Cured Gel)이 있다. 라이트 큐어드 젤에는 아세톤에 녹지 않는 일렉트릭 드릴 머신이나 파일로 갈아내는 하드 젤과 아세톤이나 젤 전용 제거제에 녹는 소프트 젤이 있다. 다양한 색상의 컬러 젤과 폴리시 젤, 페인팅 젤, 엠보 젤 등이 있어 디자인하기에도 편리하다.

■ 라이트 큐어드 젤 네일의 특성

1) 투명도가 높으며 광택이 오래간다.
2) 냄새가 없어 어느 장소에서도 사용이 간편하다.
3) 자외선에 노출되지 않으면 굳지 않으므로 상온에서 자유자재로 만들 수 있다.
4) 컬러가 다양하여 원하는 작품을 만들 수 있다.
5) 리프팅이 잘 되지 않아 편리하다.

시술재료
프라이머, 리퀴드, 파우더, 브러쉬, 아크릴릭 볼, 컬러 파우더, 폼, 파일, 샌딩,라운드패드, 니퍼, 클리퍼,푸셔, 톱 코트, 아세톤, 손소독제 등

■ 기본 시술 과정 복습하기

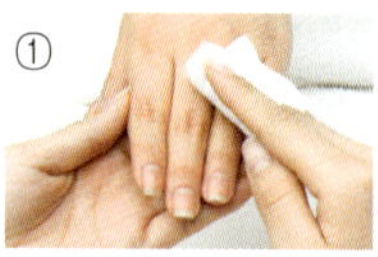
① 소독 →

② 폴리시 제거 →

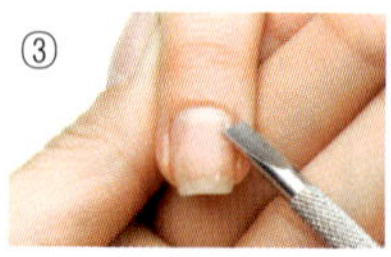
③ 큐티클 밀기 →

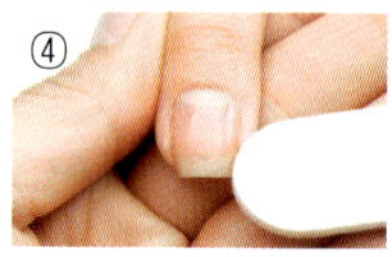
④ 모양잡고 광택제거

⑤ 팁 붙이기 →

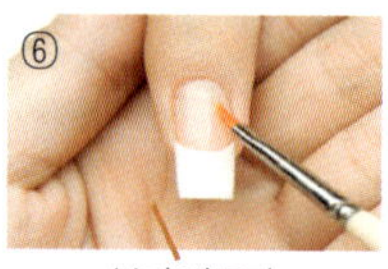
⑥ 본더 바르기 →

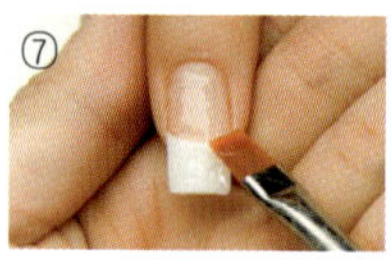
⑦ 젤 올리기 →

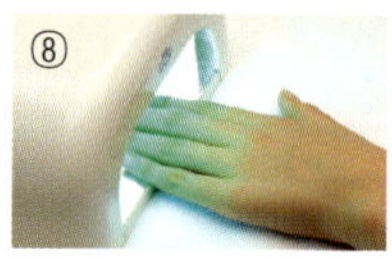
⑧ 큐어링

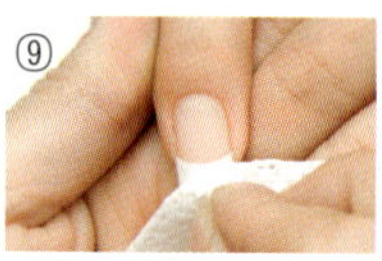
⑨ 클린저로 닦기 →

(⑦, ⑧, ⑨번 2~3회 반복)

⑩ 파일링 →

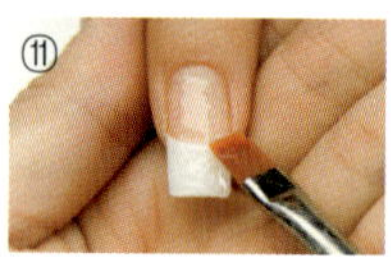
⑪ 톱 젤 바르고 큐어링 한 후 클린저로 닦는다. →

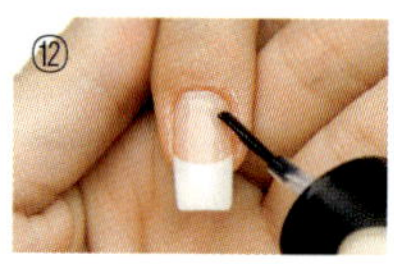
⑫ 오일 바르기

TIP

1. 보통 1분 이상 큐어링한다. (제조회사가 지정한 시간만큼 큐어링해야 잘 굳혀진다.)
2. 젤 성분의 중합 작용(Polymerizaiton)으로 고객이 손톱이 뜨겁다고 할 때는 잠시 꺼냈다가 천천히 다시 넣는다.
3. 톱 젤을 바르고 3분 이상 큐어링 해 준다.

1. 젤 디자인 아트

1) 시술 과정

1 베이스를 핫 핑크 젤로 비르고 큐어링 후 화이트 젤로 꽃잎과 잎사귀를 그리고 큐어링 한다.

2 화이트 위에 블루와 핑크 젤로 꽃잎을, 그린 젤로 잎사귀를 그리고 큐어링 한다.

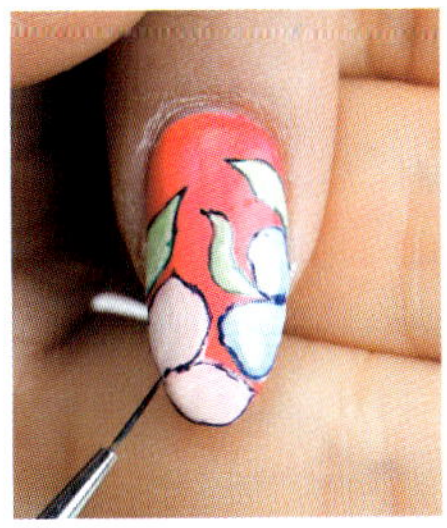

3 테두리 라인을 핑크 꽃은 퍼블, 블루 꽃은 딥 블루, 잎사귀는 그린으로 그려준다.

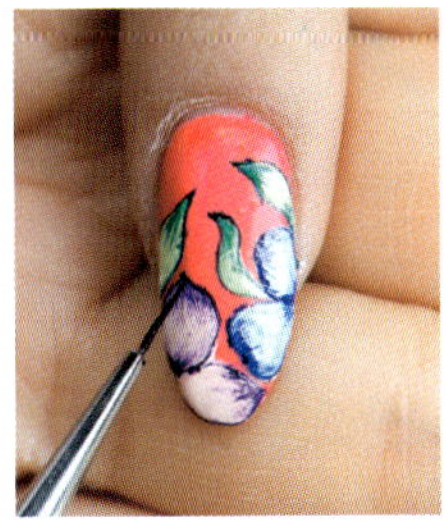

4 꽃은 퍼플과 블루, 잎사귀는 그린으로 터치하여 섬세하게 명암을 표현한다.

9 꽃과 잎을 재터치하여 더욱 진하게 해준다.

10 라이트 그린으로 수술을 그려준다.

11 톱 젤을 바르고 참을 붙인 후 3분 큐어링하고 젤 크리너로 닦아 준다.

12 완성

TIP

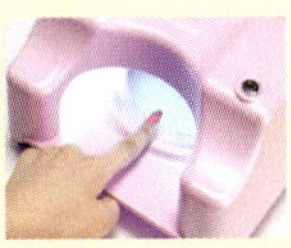

1. UV 라이트기에 각 시술 시 30초 정도 큐어링 해준다.
2. 디자인 완성 후(톱 젤 바르기 전) 3분 이상 큐어링 해 준다.

2) 스텝 바이 스텝 (Step By Step)

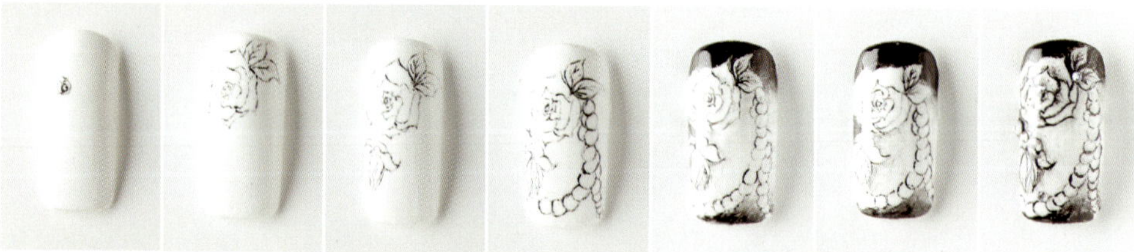

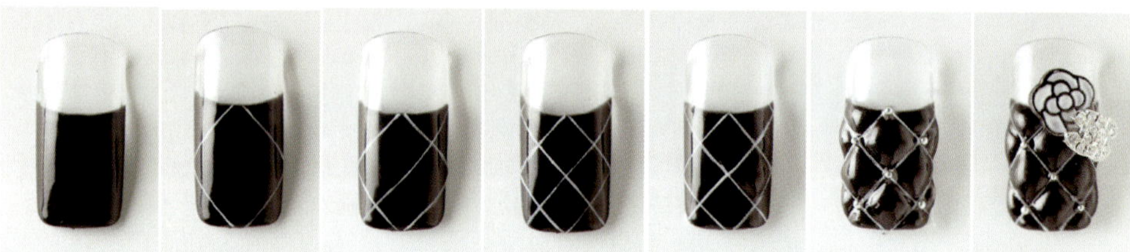

4) 응용 작품

(1) 젤 체크 디자인

(2) 젤 페인팅 디자인

(3) 엠보 젤 디자인

2. 젤 마블 아트

1) 시술 과정

1 누드 젤로 베이스를 바르고 30초 큐어링 한다.

2 레드 젤을 발라준다.

3 화이트 젤로 라인을 그려준다.

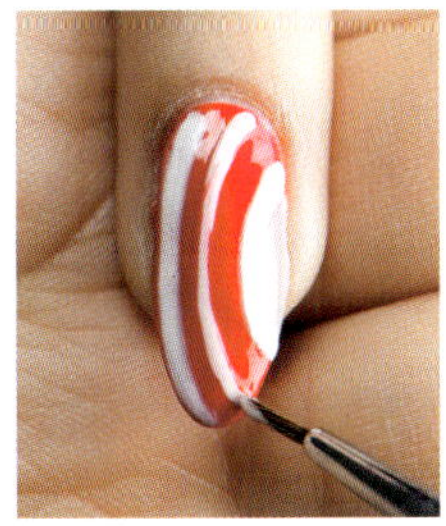

4 3번과 같은 화이트 젤로 라인을 한 번 더 그려준다.

5 레드 위에 펄 핑크로 라인을 그려준다.

6 브러시로 왼쪽에서 오른쪽으로 라인을 그리듯이 당겨 무늬를 만들어 1분간 큐어링 한다.

7 톱 젤을 바르고 라인스톤을 붙여 3분간 큐어링 한 후 젤 크리너로 닦아준다.

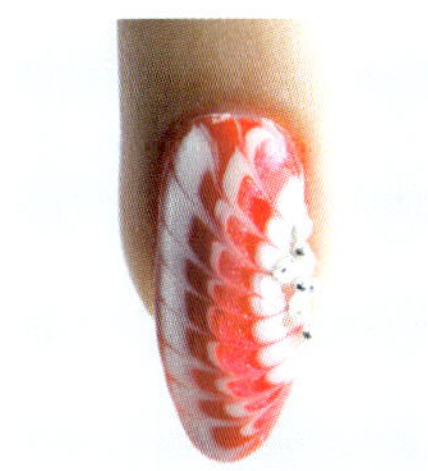

8 완성

TIP

젤 마블 아트는 젤이 퍼지기 전에 브러시와 마블 스틱으로 빠르게 라인을 그려주어야 한다.

2) 스텝 바이 스탭 (Step By Step)

(1) 젤 대리석 마블

(2) 젤 와니아트

3) 응용 작품

(1) 젤 마블 아트

(2) 젤 와니아트

(3) 젤 대리석 마블

(4) 젤 그러데이션 아트

(5) 스톤(stone) · 스팽글(spangle) · 파츠(parts) · 씰(seal) 젤 아트

(6) Mini Gallery

작품명 :

Portfolio Pattern 1

(　　　　)반, 학번(　　　　　　　), 이름(　　　　　　　)

콘셉트(Concept)

시술 방법

스케치

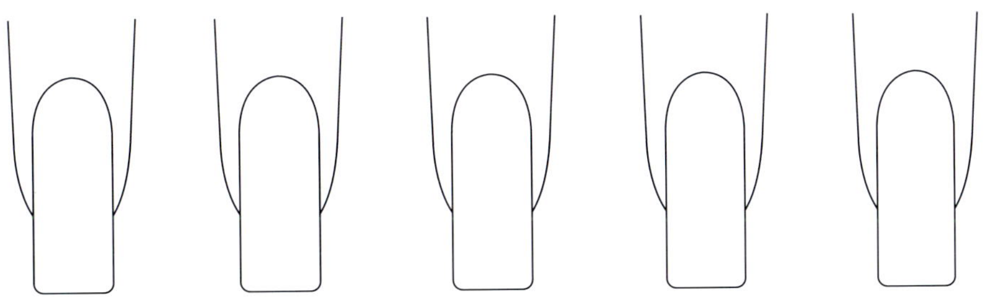

작품명 :

(　　　　)반, 학번 (　　　　　　　　), 이름 (　　　　　　　　)

〈작품 & 사진 붙이기〉

08. 에어브러시 아트 Airbrush Art

에어브러시는 압축 공기를 만들어 분사하는 컴프레서(compressor)와 건(gun)으로 물감을 뿜어낼 수 있게 구성되며, 스프레이 타입으로 분사시켜 원하는 아트를 하는 것으로 스텐실을 이용하는 테크닉은 붓으로 그린 것보다 좀 더 섬세하고 정교함을 느낄 수 있다.

에어브러시에는 바늘 캡이 장착되어 공기 분사 시 페인트의 진행 속도가 늦어지거나 바늘이 기능을 충분히 발휘하지 못하는 문제를 극소화시킨다.

에어브러시의 사용은 조절 레버를 누르면 에어가 뿜어져 나오고 레버를 당기면 물감이 나온다. 조절 레버는 물감이 뿜어 나오는 힘과 면적을 조정하는 역할을 하는데, 많은 연습으로 조절 레버를 잘 다룰 수 있어야 좋은 작품을 만들 수 있다.

다른 색상으로 바꿀 때마다 에어브러시 건을 청소해서 사용하며, 좋은 아트를 하기 위해서 색상은 옅은 색에서부터 짙은 색으로 사용하는 것이 요령이다. 물감 사용 후 보관할 때는 반드시 에어브러시 건을 깨끗이 청소해서 보관하도록 한다.

에어브러시로 네일아트를 하면 컬러 그러데이션의 부드러운 느낌을 줄 수 있는 손톱 예술이며, 스텐실은 본인이 창의적이게 만들어 사용할 수 있다.

시술재료
에어컴프레서, 건, 물감, 스텐실, 리무버, 물통, 붓, 오렌지 우드 스틱, 톱 코트 등

1. 꽃 디자인

1) 시술 순서

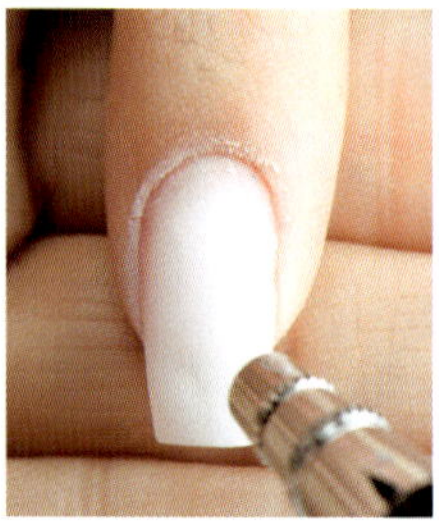

1 베이스를 화이트로 분사한다.

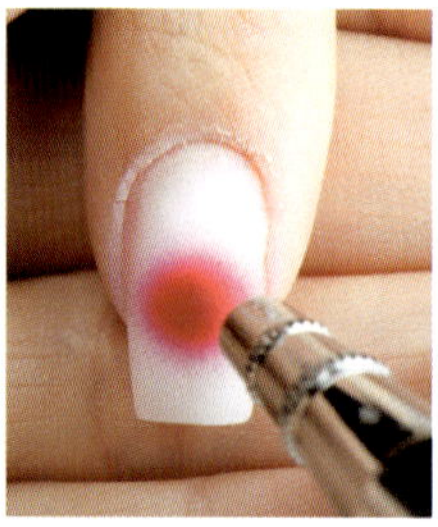

2 마젠타로 포인트를 분사한다.

3 잎을 마젠타로 분사한다.

4 3번과 겹치지 않도록 잎을 딥 그린으로 분사한다.

5 4장의 잎을 분사 후 꽃의 깊이감을 주기 위해 딥 그린을 중앙에 분사한다.

6 중앙에 화이트로 꽃잎을 분사한다.

7 화이트로 꽃잎 5장을 분사한다.

8 실버 글리터로 포인트를 준다.

9 스톤을 붙인다.

10 톱 코트를 바른다.

11 손톱 주변의 피부를 알코올로 닦아준다.

12 완성

TIP

피부에 묻은 물감을 아세톤으로 닦으면 디자인이 손상되므로 알코올로 닦아준다.

2) 스텝 바이 스텝 (Step By Step)

3) 응용 작품

4) Mini Gallery

작품명 :

Portfolio Pattern 1

(   ) 반, 학번 (   ), 이름 (   )

콘셉트(Concept)

시술 방법

스케치

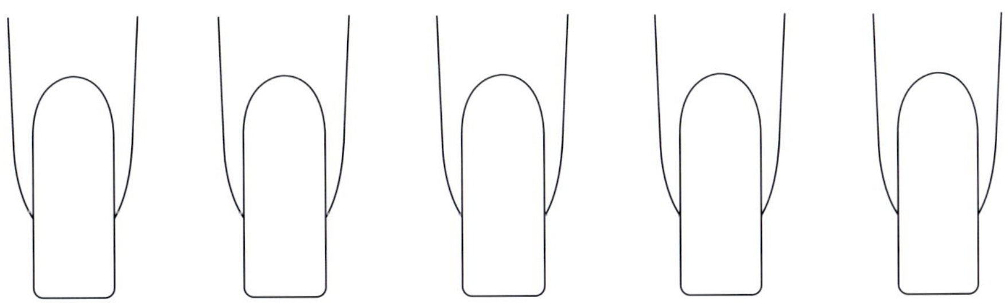

작품명 :

Portfolio Pattern 1
작품 & 사진 붙이기

(   ) 반, 학번 (   ), 이름 (   )

〈작품 & 사진 붙이기〉

09. 3D Art Three-dimension Art

'3D'란 3-Dimension의 약자로서 3가지 차원의 점, 선, 공간으로 구성되어진 평면이 아닌 3차원의 입체적인 형태이다. 우리가 생활하는 공간에서 물건을 다양한 방향과 각도에서 볼 수 있으며, 물건이 움직이는 것처럼 우리가 보는 환경과 환경속에 있는 물체를 우리가 보는 것과 같이 2차원 공간 안에서 표현되는 것이다. 네일 3D아트는 컬러 아크릴릭 파우더와 브러시 크리니, 리퀴드를 이용하여 입체적으로 디자인하여 아크릴물감이나 인조보석, 참, 글리터 등을 함께 사용하기도 한다.

■ 3D 아트를 하기 전 알아둘 것

1. 시술 재료는 아크릴릭 재료 일체와 호일, 핀셋이 필요하다.
2. 3D 작품을 붙일 때는 아크릴릭 볼을 이용하거나 젤(글루)을 이용해 붙인다.
3. 쉽게 작업하기 위해서 하고자 하는 모양을 호일에 먼저 그린 후 아크릴릭 볼을 올려 형태를 만들면 편하다.
4. 모양을 만들 때는 덜 굳었을 때 잡아줘야 원하는 디자인을 할 수 있다.

1. 리본 만들기

◆ 시술 과정 ◆

1 화이트 파우더로 리본을 만들기 위해 직사각형을 만들어준다.

2 굳기 전에 떼어낸다.

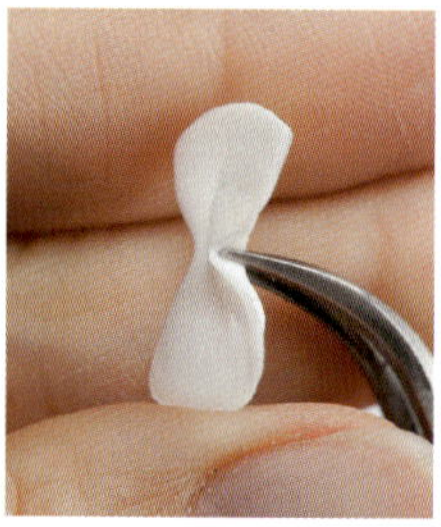

3 굳기 전에 핀셋으로 중앙을 잡아 리본 형태를 잡아준다.

4 손톱에 부착 한 후 스톤을 리본 가운데에 붙여준다.

2. 하트 만들기

◆ 시술 과정 ◆

1 컬러 파우더로 하트를 만들어준다.

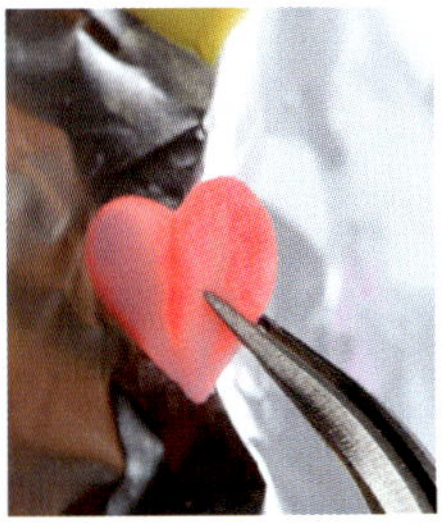

2 굳으면 핀셋으로 떼어낸다.

3 하트를 손톱에 붙여준다.

4 하트의 가장자리를 실버 글리터로 터치해준다.

3. 장미꽃 만들기

◆ 장미꽃 시술 과정 ◆

1 라이트 핑크와 딥 핑크 파우더로 둥글게 꽃잎을 만든다.

2 화이트와 그린 파우더로 나뭇잎을 만든다.

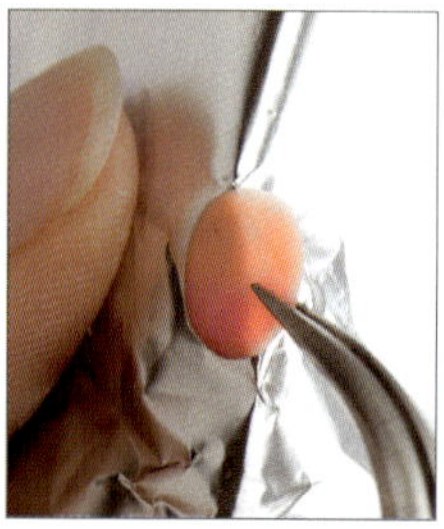

3 굳기 전에 핀셋으로 떼어낸다.

4 굳기 전에 핀셋으로 말아서 꽃봉오리를 만든다.

5 굳기 전에 핀셋으로 꽃잎 형태를 만들면서 꽃봉우리에 붙여준다.

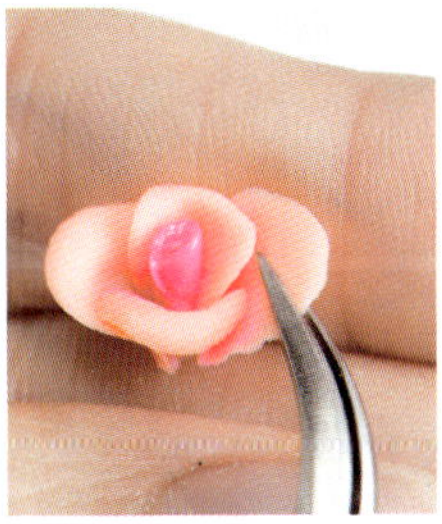

6 꽃잎이 엇갈리게 포개어 붙여서 꽃을 만들어준다.

7 손톱에 완성된 장미꽃을 붙여준다.

8 꽃과 꽃 사이의 공간에 나뭇잎을 붙여준다.

◆ 나비 시술 과정 ◆

1 클리어 파우더로 날개 부분을 만들어준다.

2 굳은 후 핀셋으로 떼어낸다.

3 라이트 핑크 아크릴물감으로 날개 무늬를 그려준다.

4 핫핑크 아크릴물감으로 무늬를 그려준다.

5 글리터를 가장자리에 바른다.

6 나비의 날개를 붙여준다.

7 몸통을 그려준다.

8 톱 코트를 바르고 완성한다.

◆ 완성 ◆

작품명 :

Portfolio Pattern 1

( )반, 학번 ( ), 이름 ( )

콘셉트(Concept)

시술 방법

스케치

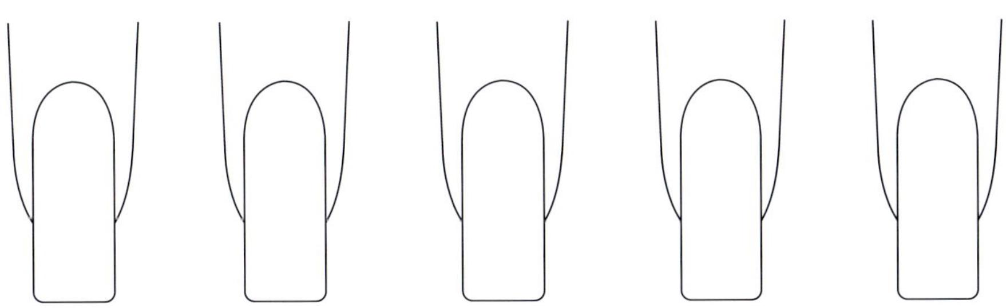

작품명 :

(　　　　)반, 학번(　　　　　　　), 이름(　　　　　　　　)

〈작품 & 사진 붙이기〉

10. 믹스 미디어 아트 Mix Media Art

믹스 미디어(Mix Media)는 네일아트를 할 때 사용되는 모든 재료인 아크릴 파우더, 아크릴물감, 라이트 큐어드 젤, 팁, 스톤 등의 다양한 재료와 포크 아트 기법, 핸드 페인팅 기법, 3D 아트, 엠보싱 아트, 스톤 아트 등의 다양한 기법을 믹스하여 작품을 만드는 것이다. 다양한 표현과 크기를 할 수 있으나, 큰 작품을 만들 때는 많은 시간이 소요될 수 있다. 대회 작품들은 주제를 선정하여 그 주제에 맞게 창작적으로 표현하며 예술성 기법에 따라 작품성이 나타난다.

◆ 시술 과정 ◆

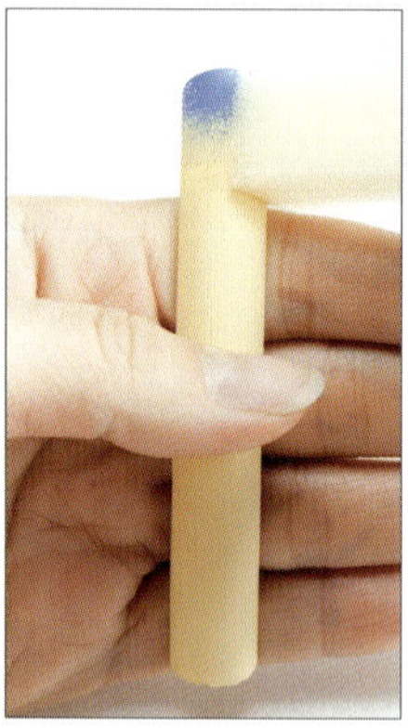

1 아이보리 베이스에 블루로 그러데이션한다.

2 화이트 아크릴릭 파우더로 지붕모양을 만든다.

3 포크 아트 기법으로 레드와 옐로 아크릴물감을 바른다.

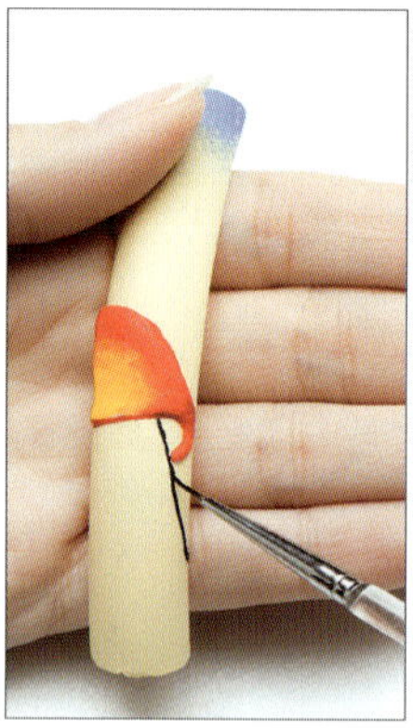

4 집체 라인을 그려준다.

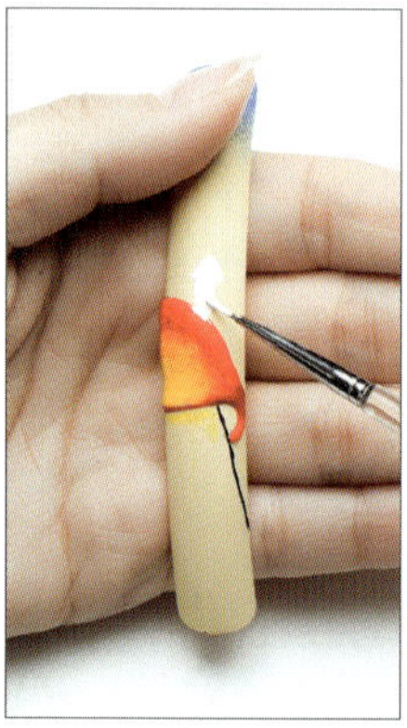

5 화이트를 굴뚝에 베이스로 바르고 딥 브라운으로 굴뚝 테두리를 그려준다.

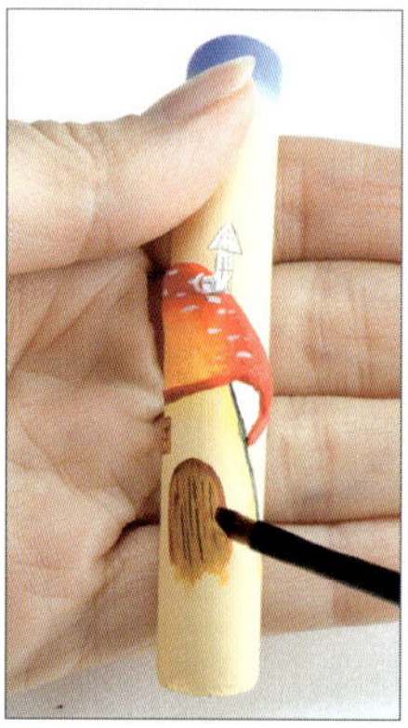

6 딥 옐로로 문을 바르고 브라운으로 문 테두리를 그려준다.

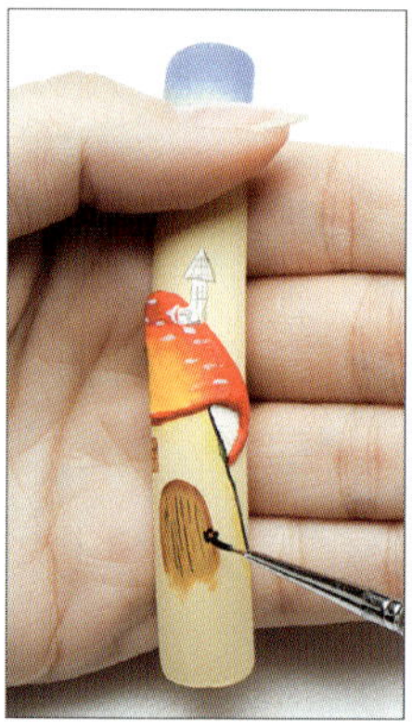

7 문고리를 만들어 준다.

8 화이트, 옐로, 딥 그린 파우더로 나무를 만들어 준다.

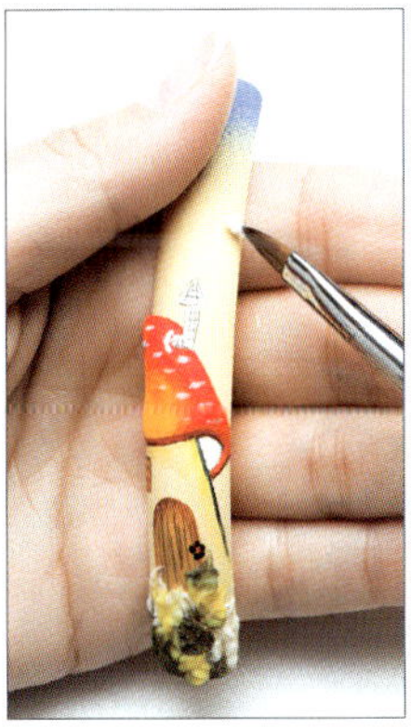

9 화이트 아크릴릭 볼로 꽃을 만들고 그린 아크릴릭 볼로 잎사귀를 만든다.

10 레드 아크릴릭 볼로 열매를 만든다.

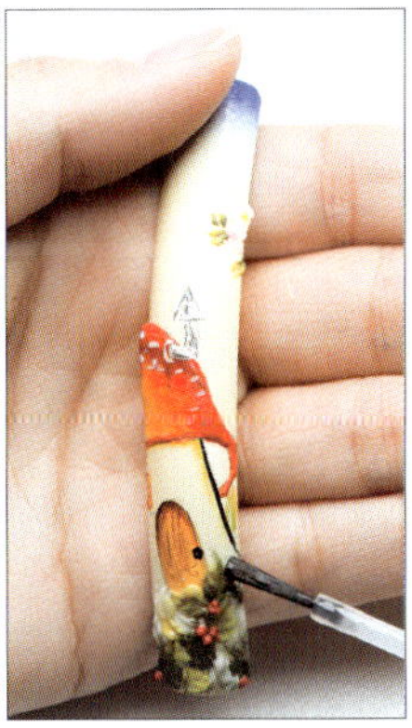

11 톱 코트로 마무리한다.

12 완성

TIP 팁의 광택을 샌딩해주어야 베이스 물감을 고르게 바를 수 있다.

◆ 날개 만들기 ◆

1 클리어 아크릴릭 파우더로 호일에 날개 모양을 만든다.

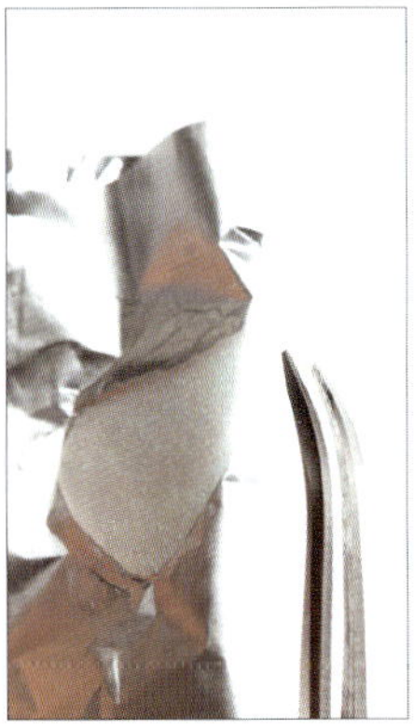

2 굳으면 호일에서 떼어낸다.

3 물감으로 날개 무늬를 그려준다.

4 미리 만들어진 작품에 날개를 붙여준다.

◆ 나비 만들기 ◆

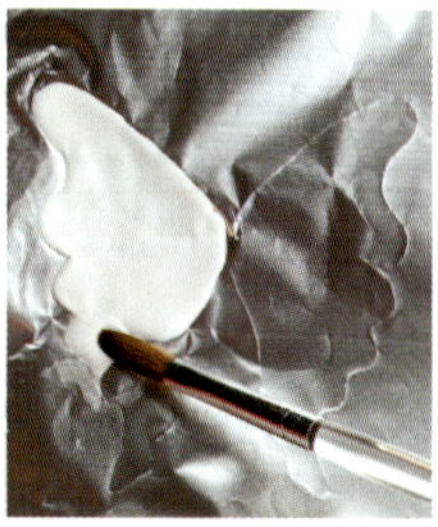

1 호일에 화이트 아크릴릭 파우더로 나비 모양을 만든다.

2 굳으면 호일에서 떼어낸다.

3 핑크 아크릴물감을 바른다.

4 블랙 아크릴물감으로 나비의 가장자리를 그려준다.

5 날개의 무늬를 밖에서 안쪽으로 터치하여 날개 무늬를 만들어 준다.

6 가운데 부분에 스톤을 붙인다.

7 톱 코트로 마무리한다.

8 완성

TIP

호일에 밑그림을 도트펜으로 먼저 그린 후 작업하면 편리하다.

◆ Mini Gallery ◆

작품명 :

Portfolio Pattern 1

( )반, 학번 ( ), 이름 ( )

콘셉트(Concept)

시술 방법

스케치

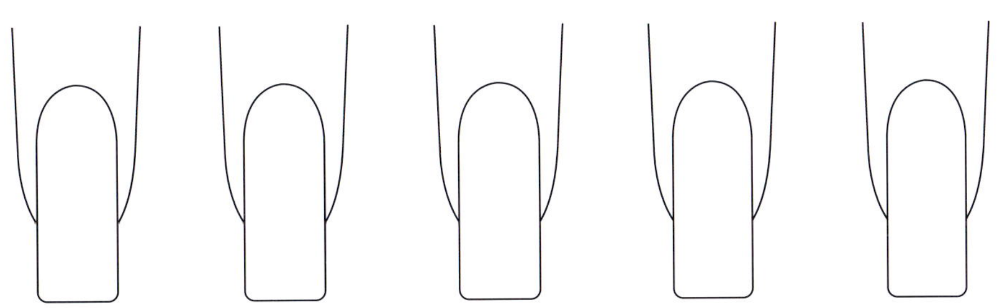

작품명 :

( )반, 학번 ( ), 이름 ( )

〈작품 & 사진 붙이기〉

Portfolio Pattern 2

믹스 미디어 스케치

작품명 :

( )반, 학번( ), 이름( )

〈작품 & 사진 붙이기〉

11. 기타 아트

1. 폴리시 마블 아트 (Polish Marble Art)

1 베이스 코트를 바르고 화이트, 오렌지, 레드 폴리시를 찍어 놓는다.

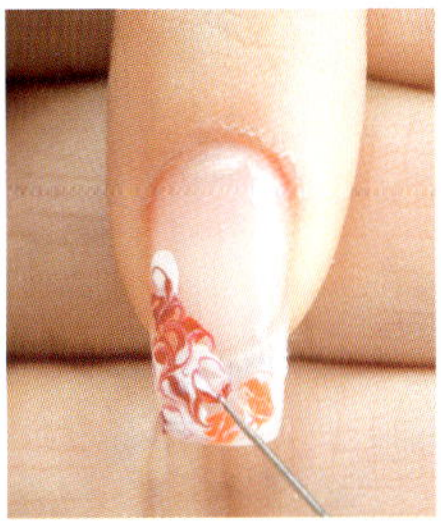

2 8자를 그리듯이 도트 펜으로 무늬를 만든다.

3 스톤을 붙인다.

4 실버 글리터로 포인트를 준다.

5 톱 코트를 바른다.

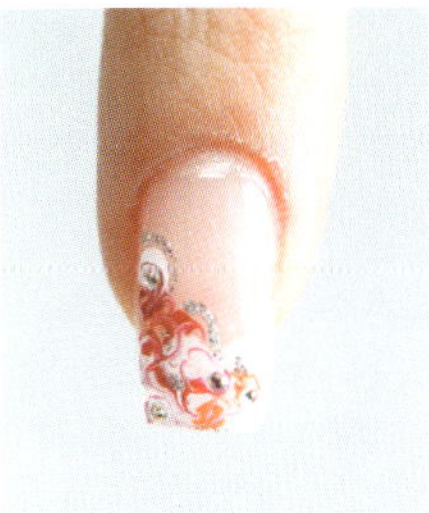

6 완성

2. 워터 마블 아트 (Water Marble Art)

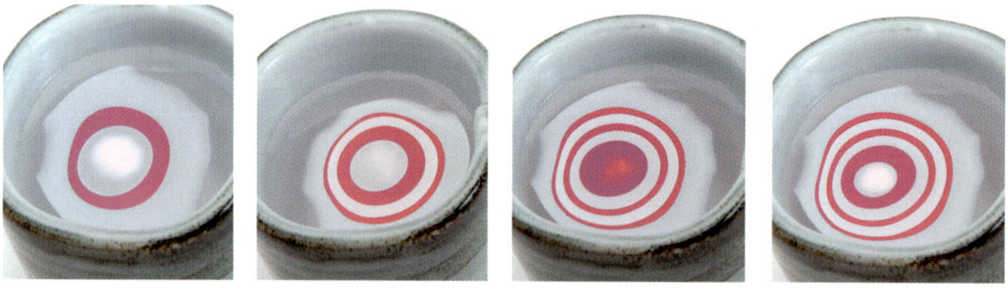

1 물을 담은 용기에 화이트, 핫핑크 폴리시를 번갈아 한 방울씩 떨어 트려 준다.

2 오렌지 우드 스틱으로 선을 그어 무늬를 만든다.

3 베이스 코트를 바른 후 원하는 곳에 찍어 준다.

4 불필요한 것을 면봉으로 걷어낸다.

5 피부에 묻는 것은 리무버로 닦아낸다.

6 실버 글리터로 포인트 터치한다.

7 스톤을 붙여준다.

9 톱 코트로 마무리한다.

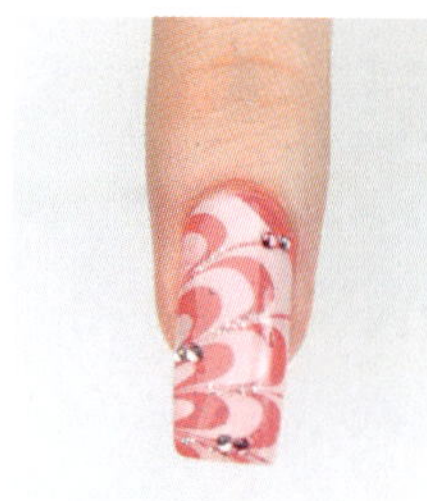

10 완성

3. 데칼 아트 (Decals Art)

1 핑크로 풀 코트한 후 레드로 사선 프랜치를 그린다.

2 데칼(스티커) 붙인다.

3 글리터로 터치하고 스톤을 붙이고 톱 코트를 바른다.

4 완성

4. 스트라이핑 테이프 아트 (Striping Tape Art)

1 라이트 블루로 풀 코트 한 후 딥 스카이로 사선 프랜치를 그린다.

2 반대쪽도 블루로 사선 프랜치를 그린다.

3 선을 따라 스트라이핑 테이프를 붙인다.

4 반대쪽도 선을 따라 스트라이핑 테이프를 붙인다.

5 톱 코트를 바른다.

6 완성

5. 댕글 아트 (Dangle Art)

1 블루로 풀 컬러링을 한다.

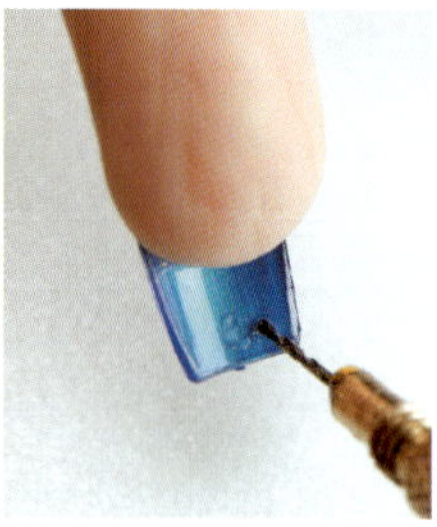

2 손톱 안쪽에서 드릴로 뚫어준다.

3 니퍼와 핀을 이용하여 구멍에 댕글을 끼워 준다.

4 완성

6. 라인 스톤 아트 (Rhin Stone Art)

1 딥 핑크로 풀 컬러링을 한다.

2 블랙으로 프렌치 라인을 그린다.

3 포인트 스톤을 붙인다.

4 다양한 크기의스톤을 붙인다.

5 톱 코트를 바른다.

6 완성

작품명 :

Portfolio Pattern 1

(　　　　)반, 학번(　　　　　　　), 이름(　　　　　　　)

콘셉트(Concept)

시술 방법

스케치

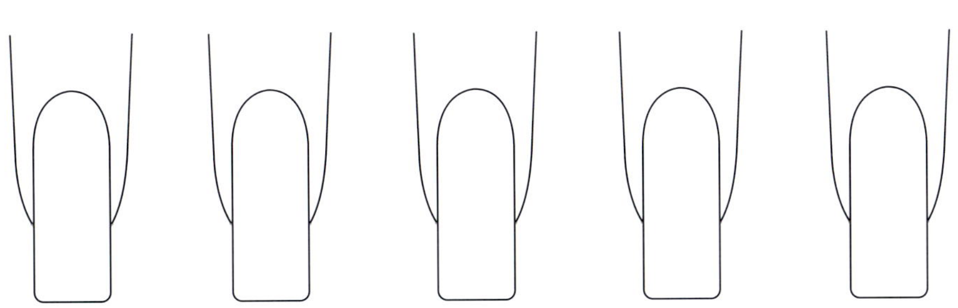

작품명 :

( )반, 학번 ( ), 이름 ( )

〈작품 & 사진 붙이기〉

Nail Art Gallery

APPLICATION OF NAIL ART >>>>>>

갤러리

Nail Painting
네일 페인팅

〈비너스〉

〈앨리스의 모험〉

〈두소녀〉

〈기억의 지속〉

〈차이니즈 고양이〉

〈만화 캐릭터〉

〈꽃과 나비〉

〈화원〉

〈양귀비〉

〈밸리 댄서〉

〈여름 풍경〉

〈스파이더 맨〉

〈서커스〉

〈해적선〉

〈해적〉

〈문방사우〉

〈밸리 댄서〉

〈사무라이〉

〈여고생〉

〈행복한 눈물〉

〈평화〉

〈감성의 마을〉

〈적〉

〈마네킹〉

〈얼룩말〉

〈기린 가족〉

〈미지의 세계〉

〈닭들의 여유〉

〈새들의 낙원〉

〈풍경〉

〈봄날의 새〉

〈동물원〉

Flok Art

포크 아트

〈수국〉

〈장미〉

〈팬지꽃〉

〈해바라기〉

〈수국〉

〈장미〉

〈들꽃〉

〈수국〉

〈장미〉

〈들꽃〉

〈로크로즈〉

〈수국〉

〈데이지〉

〈장미〉

〈수국〉

〈밤에 피는 꽃〉

Acrylic Art
아크릴릭 아트

〈장미〉

〈들꽃〉

〈별이 빛나는 밤에〉

〈앵무새〉

〈구관조〉

〈인어공주〉

〈냥이의 아침식사〉

〈새해의 아침〉

〈토끼〉

〈사슴〉

〈키스〉

〈화환〉

〈소녀〉

〈바닷속〉

Gel Art
젤 아트

〈들꽃〉

〈수국〉

〈들꽃〉

〈일본 만화 캐릭터〉

〈나비여행〉

〈무지개꽃〉

〈발렌타인데이 초콜릿〉

〈발렌타인 데이〉

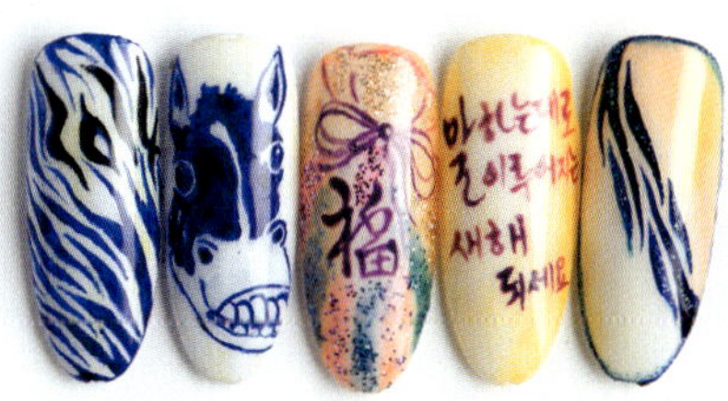

〈새해〉

〈해〉

Airbrush Art
에어브러시 아트

〈합주곡〉

〈바닷속 풍경〉

〈어둠 속의 꽃〉

〈장미와 백조〉

〈해바라기 정원〉

〈아프리카〉

〈오로라〉

〈발렌타인〉

〈뮤직 큐〉

Salon Art
살롱 아트

chocolate

Love
Happy

福

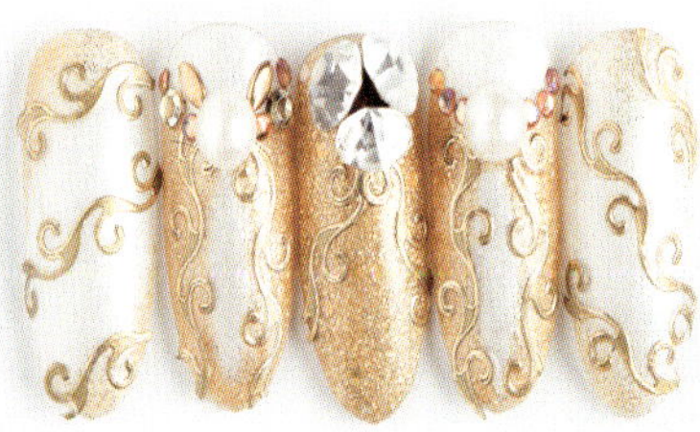

Pedicure Art
페디큐어 아트

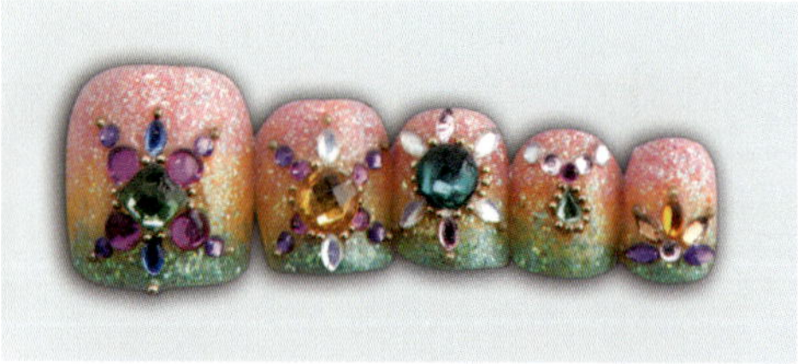

Mix Media Art
믹스 미디어 아트

〈이탈리안〉

〈밸리 댄서〉

〈청혼〉

〈한글〉

〈곤충의 세계〉

〈서커스〉

〈메두사〉

〈언제 부화 될까?〉

〈보이지 않는 암투〉

〈소녀와 유니콘〉

〈이탈리아의 가면 무도회〉

〈꽃과 나비〉

Daily Supplies Art
생활용품 아트

■ 네일/메이크업 박스에 포크 아트 활용

■ 손거울 · 헤어 브러시에 포크 아트 활용

■ 액자에 포크 아트 활용

■ 연필꽂이 · 보석함 · 반지에 포크 아트 활용

■ 장식용 미니 · 테이블에 포크 아트 활용

부록

Nail Art 연습 교본

APPLICATION OF NAIL ART > > > > > > > >

Nail Art 연습 교본 (1)

Nail Art 연습 교본 (2)

Nail Art 연습 교본 (3)

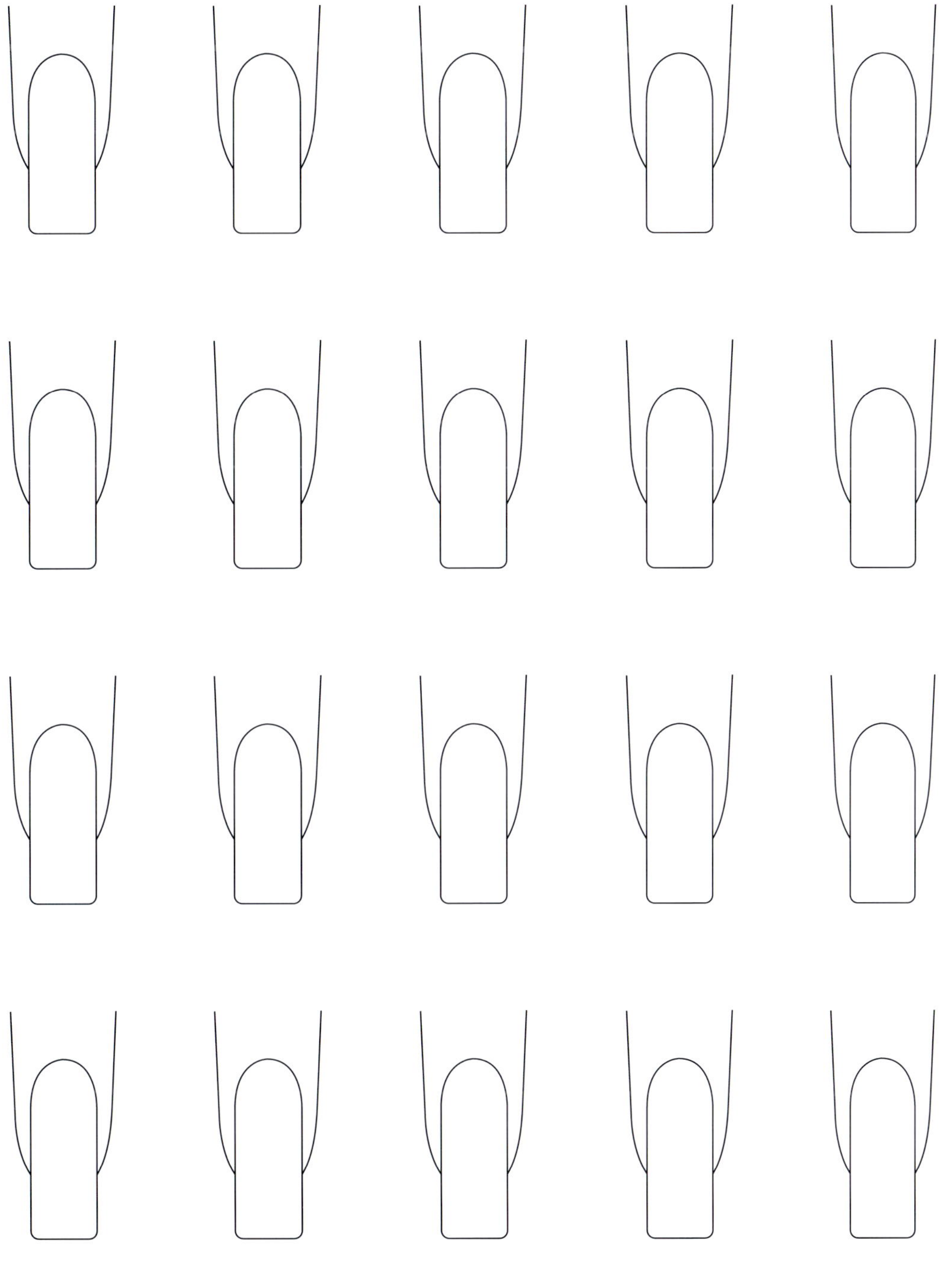

Nail Art 연습 교본 (4)

Nail Art 연습 교본 (5)

Folk Art 연습 교본 (6)

Nail Art 연습 교본 (7)

작품명 :

(　　　　)반, 학번(　　　　　　　　), 이름(　　　　　　　　)

〈작품 & 사진 붙이기〉

Application of Nail Art

응용 네일아트

초판 1쇄 인쇄 2014년 3월 3일
초판 1쇄 발행 2014년 3월 7일

저자	이서윤, 이미춘, 김은영, 김나영
펴낸이	박정태
편집이사	이명수
감수교정	정하경
책임편집	위가연
편집부	전수봉, 김안나
마케팅	조화묵, 고범석
온라인마케팅	김찬영, 박용대
인쇄	새한문화사
제본	예인바인텍
펴낸곳	광문각
출판등록	1991.05.31 제12-484호
주소	파주시 파주출판문화도시 광인사길 161 광문각 B/D
전화	031-955-8787
팩스	031-955-3730
E-mail	kwangmk7@hanmail.net
홈페이지	www.kwangmoonkag.co.kr
ISBN	978-89-7093-740-3 93590
가격	26,000원

KSPA 한국과학기술출판협회회원